"十三五"国家重点出版物出版规划项目

现代机械工程系列精品教材

教育部普通高等教育精品教材

普通高等教育"十一五"国家级规划教材

机床数控技术

第 4 版

李郝林　方　键　编　著

汤季安　徐　弘　主　审

U0239485

机 械 工 业 出 版 社

本书是"十三五"国家重点出版物出版规划项目——现代机械工程系列精品教材、普通高等教育"十一五"国家级规划教材，也是教育部普通高等教育精品教材。

为了便于不同需要的读者学习和掌握数控技术，全书分为上篇和下篇。上篇"操作知识"强调数控技术的应用知识，下篇"技术基础"则重点介绍数控改造和开发方面所需要的一些数控技术理论知识。本书的编写立足于数控应用技术的论述，对于 SIEMENS 典型数控系统的应用和操作知识也进行了介绍，并在附录中介绍了数控技术在自动化生产系统中的应用和 CAD/CAM 软件在生产中的应用。

在本书的修订过程中，根据数控技术的发展，着重对数控加工的程序编制以及数控系统的操作知识进行了重新编写，以帮助读者理解和掌握教材内容。

本书可作为高等院校机械类专业的教材，对相关的科技人员也具有一定的参考价值。

图书在版编目（CIP）数据

机床数控技术/李郝林，方键编著 . —4 版. —北京：机械工业出版社，2023.12（2025.2 重印）

"十三五"国家重点出版物出版规划项目　现代机械工程系列精品教材　教育部普通高等教育精品教材　普通高等教育"十一五"国家级规划教材

ISBN 978-7-111-74932-5

Ⅰ.①机… Ⅱ.①李… ②方… Ⅲ.①数控机床—高等学校—教材 Ⅳ.①TG659

中国国家版本馆 CIP 数据核字（2024）第 015348 号

机械工业出版社（北京市百万庄大街 22 号　邮政编码 100037）
策划编辑：赵亚敏　　　责任编辑：赵亚敏
责任校对：牟丽英　　　封面设计：张　静
责任印制：郜　敏
中煤（北京）印务有限公司印刷
2025 年 2 月第 4 版第 2 次印刷
184mm×260mm · 13 印张 · 315 千字
标准书号：ISBN 978-7-111-74932-5
定价：43.00 元

电话服务　　　　　　　网络服务
客服电话：010-88361066　　机 工 官 网：www.cmpbook.com
　　　　　010-88379833　　机 工 官 博：weibo.com/cmp1952
　　　　　010-68326294　　金 书 网：www.golden-book.com
封底无防伪标均为盗版　　机工教育服务网：www.cmpedu.com

前　言

数控机床是集计算机技术、自动控制技术、传感检测技术、信息处理技术和机械制造技术于一体的典型机电一体化产品。数控机床作为制造业中最重要的设备被称为"工业母机"，它作为工业自动化中最基本的制造单元，直接或间接地参与各类生产工具、生产资料的生产过程。数控机床是装备制造业和国防工业装备现代化的重要战略装备，是关系到国家战略地位、体现国家综合国力水平的重要标志，对提升一个国家的航空、航天、船舶、汽车、模具、电站设备等制造业的国际竞争力具有举足轻重的作用。

本书分两个部分（上篇"操作知识"和下篇"技术基础"）介绍了数控机床的应用技术，其中上篇强调数控技术的应用知识，下篇则介绍数控改造及开发方面所需要的一些理论知识。为了提高学生解决实际问题的能力，本书在介绍数控编程技术的同时，还结合 SIEMENS 系统实例叙述了典型的数控系统及其操作知识。此外，对数控机床的一些控制元件和部件，不仅介绍了其工作原理和控制原理，还通过产品实例介绍了它们与系统其他元部件信号的连接方式，这对于学生掌握这些产品的应用知识是十分重要的。本书的编写和材料组织立足于数控技术的应用，不仅适用于高等院校机械设计制造及其自动化专业的师生，而且对相关科技人员也具有一定的参考价值。

在第 4 版的修订中，基于党的二十大报告中关于"全面贯彻党的教育方针，落实立德树人根本任务，培养德智体美劳全面发展的社会主义建设者和接班人。"的要求，为了让学生了解我国机床行业广大技术人员以高度的责任心与使命感，克服重重困难，锐意革新，不断突破创新，推动我国整个装备制造业乃至工业发展的事迹，本书融入了反映我国机床行业的骨干企业代表，如通用技术沈阳机床股份有限公司、上海机床厂有限公司、武汉华中数控股份有限公司等勇担使命、守正创新、砥砺奋进的视频故事。21 世纪是中华民族实现伟大复兴的世纪，实现数控机床产品从中低端向中高端的转化，已经成为国家重大战略举措之一。站在这个百年未有之大变局的历史节点，希望通过这些视频材料让当今的大学生感受时代精神、民族精神，为实现制造强国的战略目标做出贡献。

　　本书在第4版修订过程中，得到了通用技术沈阳机床股份有限公司、上海机床厂有限公司、武汉华中数控股份有限公司、长春禹衡光学有限公司的大力支持，并提供了宝贵的视频资料，在此表示衷心的感谢。此外，也要感谢为前三版教材提供了许多产品资料的上海机床厂有限公司以及西门子（中国）有限公司。

编著者

于上海

2023 年 11 月

目 录

上篇
操作知识

第一章

概　　述

第一节　数控机床

数控，即数字控制（Numerical Control，NC），在机床领域指用数字化信号对机床运动及其加工过程进行控制的一种方法。数控机床即是采用了数控技术的机床。在数控机床上加工零件时，一般是先编写零件加工程序单，即用程序规定零件加工的路线和工艺参数（如主轴转速、切削速度等），数控系统根据加工程序自动控制机床的运动，将零件加工出来。当变更加工对象时，只需重新编写零件的加工程序，而机床本身则不需要进行任何调整就能把零件加工出来。所以数控机床是一种灵活性极强的、高效能的全自动化加工机床。

数控机床主要由程序介质、数控装置、伺服系统和机床本体四部分组成，如图1-1所示。其中程序介质用于记载各种加工信息，常用的有磁带和磁盘等。数控装置是控制机床运动的中枢系统，它的功能是按照规定的控制算法进行插补运算，并将结果经由输出装置送到各坐标控制伺服系统。伺服系统是数控系统的执行部分，它包括驱动主轴运动的控制单元、主轴电机，驱动进给运动的控制单元及进给电机。伺服系统按照数控装置的输出指令控制机床上的移动部件做相应的移动，并对定位的精度和速度进行控制。数控机床是一种高度自动化的机床，它既可以进行大切削量的粗加工，也可以进行半精加工和精加工。这就要求数控机床具有大功率和高精度。数控机床的主轴转速和进给速度远高于同规格的普通机床。

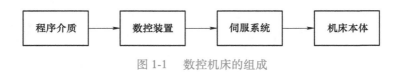

图1-1　数控机床的组成

第二节　数控加工的特点

数控机床与普通机床加工零件的区别在于数控机床是按照程序自动加工零件，而普通机床是由工人通过手工操作来完成零件的加工。数控机床上加工零件只要改变控制机床动作的程序，就可以达到加工不同零件的目的。因此，数控机床特别适用于加工小批量、形状复杂且要求精度高的零件。

由于数控加工是一种程序控制过程，使其相应形成了以下几个特点：

1）自动化程度高，可以减轻工人的体力劳动强度。数控机床对零件的加工是按事先编好的程序自动完成的，操作者除了操作键盘、装卸零件、完成关键工序的中间测量以及观察机床的运行之外，不需要进行繁重的重复性手工操作，其劳动强度与紧张程度均可大为减轻，劳动条件也得到相应的改善。

2）加工精度高、加工质量稳定可靠，加工误差一般能控制在 0.005~0.01mm 之内。数控机床进给传动链的反向间隙与丝杆螺距误差等均可由数控装置进行补偿，因此，数控机床能达到比较高的加工精度。此外，数控机床的传动系统与机床结构都具有很高的刚度和热稳定性，而且提高了它的制造精度，特别是数控机床的自动加工方式，避免了生产者的人为操作误差，同一批加工零件的尺寸一致性好，产品合格率高，加工质量十分稳定。

3）加工生产效率高。零件加工所需要的时间包括机动时间与辅助时间两部分。数控机床能有效地减少这两部分时间，因而加工生产效率比普通机床高得多。数控机床车轴转速和进给量的范围比普通机床的范围大，每一道工序都能选用最有利的切削用量，良好的结构刚性允许数控机床进行大切削用量的强力切削，有效地节省了机动时间。数控机床移动部件的快速移动和定位均采用了加速与减速措施，因而选用了很高的空行程运动速度，消耗在快进、快退和定位的时间要比一般机床少得多。数控机床在更换被加工零件时几乎不需要重新调整机床，而零件又都安装在简单的定位夹紧装置中，用于停机进行零件安装调整的时间可以节省不少。

4）对零件加工的适应性强、灵活性好，能加工形状复杂的零件。

5）有利于生产管理的现代化。用数控机床加工零件，能准确地计算零件的加工工时，并有效地简化了检验和工夹具、半成品的管理工作。这些特点都有利于生产管理的现代化，便于实现计算机辅助制造。数控机床及其加工技术是计算机辅助制造系统的基础。

目前，在机械行业中，随着市场经济的发展，单件、小批量的生产所占有的比例越来越大，机械产品的精度和质量也在不断地提高。所以，普通机床越来越难以满足加工精密零件的需要。同时，由于技术水平的提高，数控机床的价格在不断下降，因此，数控机床在机械行业中的使用越来越普遍。

第三节　数控机床的分类

数控机床的种类很多，功能各异，人们可从不同角度对其进行分类。一般按机械运动的轨迹可分为：点位控制系统、直线控制系统和连续控制系统。按伺服系统的类型可分为：开环伺服系统、闭环伺服系统和半闭环伺服系统。按控制坐标数可分为：两坐标数控机床、三坐标数控机床和多坐标数控机床。

但从用户的角度来考虑，按机床加工方式或能完成的主要加工工序来分类可能更为合适。目前在常用的金属切削机床中，如车床、铣床、磨床、钻床、镗床以及齿轮加工机床，均开发了相应的数控机床，而且品种分类越来越细。按照数控机床的加工方式，可以把它分为以下几类：

（1）金属切削类　如数控车床、数控铣床、数控钻床、数控镗床、数控磨床、数控齿轮加工机床和数控加工中心等。

（2）金属成形类 如数控折弯机、数控弯管机、数控旋压机等。

（3）特种加工类 如数控线切割机、数控电火花加工机床以及数控激光切割机等。

（4）其他类 如数控火焰切割机床、数控激光热处理机床、数控三坐标测量机等。

第四节 数控技术发展现状

数控机床是工业的"工作母机"，工业、农业、科学和国防行业所需要机械设备的零件通常都是用机床加工出来的，机床的性能直接影响机械产品的性能、质量和经济性。因此，数控机床是构成现代工业的心脏，是整个工业体系的基石和摇篮；数控技术是先进制造技术的基础和核心，其技术水平代表了一个国家制造技术的水平和工业水平。当今世界各国制造业广泛采用数控技术，以提高制造能力和水平，提高对动态多变市场的适应能力和竞争能力。此外，世界上各工业发达国家还将数控技术及数控装备列为国家的战略物资，不仅采取重大措施来发展自己的数控技术及其产业，而且在"高精尖"数控关键技术和装备方面，对我国实行封锁和限制政策。总之，大力发展以数控技术为核心的先进制造技术，已成为世界各发达国家加速经济发展、提高综合国力和国家地位的重要途径。

随着科学与技术的发展，数控机床的性能与功能不断得到改善与提升。1952年，美国麻省理工学院开发出世界上第1台数控系统，开创了数控技术的先河。在随后的30年里，数控技术进入了快速发展时代。20世纪90年代后，随着计算机技术的推广，数控技术向着开放式系统的方向发展。这种系统使数控技术有了良好的通用性，也为网络化和智能化打下了技术基础。21世纪后，数控技术在控制精度上有了大幅度的突破。新一代数控机床不仅要完成必要的"体力劳动"，而且要像人一样具备"头脑"，能够独立自主地管理自己，并与企业的管理系统通信，从而使企业管理人员和操作者、供应商和用户都能够随时知道机床的状态和加工能力。

中国最大的精密磨床制造企业——上海机床厂有限公司

沈阳机床勇担央企使命奔向世界一流

随着计算机技术的高速发展，传统的制造业开始了根本性变革，生产需求朝多样化方向发展且竞争加剧，迫使产品生产向多品种、变批量、短生产周期方向演变，高质量、高效益和多品种、小批量柔性生产方式已是现代企业生存和发展的必要条件。作为现代制造系统的核心装备，高效率、高精度、高柔性也已成为数控机床技术发展的趋势。

1. 高效率、高精度、高柔性是主流发展趋势

速度、精度和效率，是机械制造技术的关键性能指标。提高数控机床的切削速度、进给速度和减少换刀时间，充分发挥现代刀具材料的性能，不仅可以达到大幅度提高加工效率、降低加工成本的目的，同时还可以提高零件的表面加工质量和精度。高速加工技术对制造业实现高效、优质、低成本生产有广泛的适用性。因此，今后对数控机床加工的高速化要求越来越高。

高速切削是指速度高于常规速度的 5~10 倍的切削方式。根据最新的发展情况来看，高档数控机床的快进速度可达 120m/min，加速度达 2g 以上，主轴转速已达 100000r/min，换刀时间则少于 0.4s，由此大大提高了加工效率。近 10 年来，在加工精度方面，普通级数控机床的加工精度已由 10μm 提高到 5μm，精密级加工中心的加工精度则从 3~5μm 提高到 1~1.5μm，并且超精密加工精度已开始进入纳米级（0.01μm）。

20 世纪 90 年代以来，欧洲各国及美国、日本争相开发应用新一代高速数控机床，加快机床高速化发展步伐。近十多年来，为了实现高速、高精度加工，与之配套的功能部件如电主轴、直线电动机等得到了快速发展，加之高速切削刀具、伺服驱动、数字控制和机床等技术的不断进步，使得高速加工和高精度加工，特别是高速切削，已在航空、航天、模具制造业中得到了广泛应用和推广。

尽管目前数控机床的精度已经很高，但科学技术的发展没有止境。向精密化发展不仅是为了提高普通机电产品的性能、质量和可靠性，也是为了适应高新技术（比如纳米技术）发展的需要。为提高数控机床的加工精度，人们在控制精度技术方面采取了很多措施，例如，采用高速 CPU 芯片、多 CPU 控制系统以及带有高分辨率绝对式检测元件的交流数字伺服系统，提高系统最小分辨率（0.02μm，甚至更高），缩短采样插补周期（0.1ms）；采用各种先进的控制算法，提高伺服系统的跟踪精度，甚至实现零误差跟踪；在机床设计方面，采取改善机床动态特性、静态特性、热特性等有效措施；在机床使用方面，采取热误差补偿与几何误差补偿技术等。

为了提高制造系统的生产效率，减少因不同数控机床间进行工序的转换及多次上下料等引起的待工时间，近些年工序集约化成为数控机床新的发展趋势。工序集约化是指在一台数控机床上尽可能加工完一个零件的全部工序，同时又保持机床的通用性，能够迅速适应加工对象改变的加工方法。工序集约化，通常也称为复合加工。具备复合加工功能的数控机床也称为复合加工机床。复合数控机床可以减少因不同数控机床间进行工序的转换及多次上下料等引起的待工时间。通常这些时间占零件整个生产周期的 40%~60%，即使在信息管理良好的情况下，仍将占 20% 左右。由于一个零件的加工全部在一台机床上完成，大大减少了工件装卸、更换和调整刀具的辅助时间以及中间过程中产生的误差，提高了零件加工精度，缩短了产品制造周期，提高了生产效率和制造商的市场反应能力，相对于传统的工序分散的生产方法具有明显的优势。复合数控机床主要体现为刀具回转加工、工件回转加工或特种加工等多类功能的复合，在机床结构上体现为对不同加工方式的需求，目前常见的有车铣中心、铣车中心和铣削-激光加工机床等。

2. 网络化、智能化成为新的发展趋势

在工业 4.0 及"互联网+"的背景下，数控机床的未来发展与竞争出现了新的变化，更多的竞争将会聚焦在如何利用互联网的优势，让数控系统的计算能力获得无限扩展，并且通过对分享经济等新兴商业模式的理解，合理打造与之相适应的功能成为未来的重要趋势。机床数控系统的智能化与网络化是大势所趋，数控机床商业模式的创新和真正落地运营就一定依赖于数控系统的智能化与网络化。

随着网络技术日趋成熟和在各行各业中的广泛应用，网络技术在企业整个运行过程中的地位越来越重要，网络化已经成为新一代数控系统的重要特征。数控机床的网络化既可以实现网络资源共享，又能实现基于 Internet 各种远程服务功能对数控机床的远程监视和控制、

远程故障诊断及维护、远程培训及教学管理等，支持制造设备的网络共享和异地调度，实现加工过程的网络化。在互联网条件下，数控系统必须要成为一个能够产生数据的透明的智能终端，让制造过程及其全生命周期"数据透明"。通过智能终端的"透明"，实现制造过程的"透明"，不仅能方便加工工件，还能产生服务于管理、财务、生产、销售的实时数据，实现设备、生产计划、设计、制造、供应链、人力、财务、销售、库存等一系列生产和管理环节的资源整合与信息互联。

随着人工智能与智能制造技术的发展，机床智能化水平不断提高，结合当今高档数控系统的快速发展，数控装备的智能化已经成为趋势。数控机床智能化发展趋势主要体现在：为追求加工效率和加工质量方面的智能化，如加工过程的自适应控制、工艺参数的自动生成，根据加工时的热变化，对滚珠丝杠等主要部件的热伸缩进行实时补偿；为提高驱动性能及使用方便的智能化，如电动机参数的自适应运算、自动识别负载、自动优化加工过程参数等；简化编程、简化操作方面的智能化，如智能化的自动编程、智能化的人机界面等；还有智能诊断、智能监控方面的内容，方便系统的诊断及维修等。

3. 绿色化是数控机床未来的发展方向

能源危机的加剧和日趋严格的环境保护政策的出台，要求数控机床在运行中具备高效率、低运行成本、少环境污染，即实现加工过程的绿色化。近年来，已经出现了不用或少用冷却液，实现干切削、半干切削节能环保型的机床，并且使用市场在不断扩大。在21世纪，为占领更多的世界市场，各种节能环保机床必将加速发展，绿色化的时代即将到来。

数控装备是以数控技术为代表的新技术对传统制造产业和新兴制造业的渗透形成的机电一体化产品，即所谓的数字化装备。随着数控技术的不断发展和应用领域的扩大，机床数控技术一定会向更加自动化、智能化、网络化和复合化的方向迈进。

第五节　数控技术的学习方法

数控机床是一种自动化程度高的机床，技术难度大，且随着科学技术的发展和生产上新要求的不断提出，数控系统的功能在不断增加。因此，学习和掌握数控技术，对于从事数控技术开发、数控机床操作以及数控机床改造均是十分重要的。人们学习一种知识，总是具有一定的目的性。以下从数控机床操作者、数控机床改造者和特种数控机床开发者的不同需要，来阐述数控技术的学习方法。

1. 数控机床操作者

采用数控机床加工零件，首先要编写加工零件的全部工艺过程、工艺参数和位移数据的加工程序，以控制机床的运动，实现零件的切削加工。

对于数控机床的操作者来讲，最主要的任务就是根据零件图样，编制相应的数控加工程序。目前数控加工程序的编制方法主要有两种，即手工编程和计算机自动编程。所谓手工编程，意味着编程中的工艺处理、数学处理、程序单编写、程序校验等项工作主要靠人工完成。自动编程则在很高的程度上将人工完成的工作交给计算机及其外围设备装置进行。目前，在编程的各项工作中，除工艺处理仍主要依靠人工进行外，其余工作均已通过自动编程达到了较高的计算机自动处理的程度。但在目前情况下，要取消手工编程是不可能的，我国多数工厂都采用手工编程方法编写零件加工程序。如果一个编程人员只会自动编程而缺乏对手工编程的了解，一旦遇到目标程序在加工中发生问题，就不能较快地查出错误所在并及时进行必要的修正。因此，在一定程度上手工编程是数控加工程序编制的基础。本书主要介绍手工编程的知识。

作为一个编程人员，主要应掌握：

1）数控程序的编制知识，即 G 代码与 M 代码的应用知识。常用的 G 代码有 20 余种，这一部分知识是容易掌握的。

2）数控系统的操作知识，即如何利用数控系统达到机床控制的目的。这相当于计算机语言学习中，学会了 C 语言、BASIC 语言的编程，进而如何上机操作的问题。常用的数控系统有 FANUC、SIEMENS 等，本书将对这些系统的操作方法进行简单介绍。

3）数控加工工艺知识。实际上，数控加工工艺设计的原则和内容在许多方面与普通机床加工工艺相同，其不同点将在本书上篇第三章进行讲述。

2. 数控机床改造者

这里的数控机床改造是指将普通机床（如车床、铣床等）改造为经济型数控机床。目前，我国许多单位均开发了由单板机或单片机与步进电动机组成的功能较简单、价格较低的经济型数控系统。将经济型数控系统用于普通机床的改造和升级换代，是符合我国国情的有效途径。

然而，并不是所有的旧机床都适合于数控改造，其衡量的主要标准是机床基础件的刚性和改装的经济性。数控机床属于高精度机床，对工件移动或刀具移动的位置精度要求很高，一般在 $0.001 \sim 0.01\mathrm{mm}$ 之内，高的定位精度和运动精度要求机床基础件具有很高的刚度和抗振性。基础件不稳定、受力后容易变形的机床都不适于改造成数控机床。此外，机床数控改造的总费用由机械维修和增加数控系统两部分组成。机械部分改造的费用与旧机床原有零件利用的多少密切相关，数控系统的价格对新、旧机床都一样。由于数控系统本身价格较高，从经济效果考虑，大、中型机床，尤其是重型机床，最适于数控改造。

从事数控机床改造的工作，首先需根据所改造机床的种类及精度要求，选定一个适当的经济型数控系统。不同的数控系统，控制的轴数、供用户使用的指令数不尽相同，如一些系统尚不具备刀具半径补偿、刀具长度补偿等处理功能。因此，数控改造者必须熟悉所选用的数控系统的功能，选择性价比较优的系统供数控改造使用。

机床数控化改造包括主传动的数控化改造和进给传动的数控化改造，以下分别叙述这两方面的工作。

主传动的数控化改造包括电气部分和机械部分的数控改造。对主传动电气部分改造，主要是将原普通交流电动机拖动改为直流电动机拖动，即用直流电动机替换原普通交流电动机，并配置相应的直流调速装置。普通交流电动机的调速一般不易实现，主轴的变速需通过变速箱内各滑移齿轮位置的转换获得不同的转速。为了使主轴能获得从低到高各种不同的转速，满足加工的需要，机械档数一般较多，使变速箱结构复杂、体积庞大，在运转过程中，尤其在高速时，振动和噪声都较大，对零件的加工精度会产生不良影响。用直流电动机拖动可采用速度闭环控制，电网电压和切削力矩的变化对电动机转速的影响很小。直流控制系统易实现无级平滑调速，且调速范围较宽，所需机械档数较少（一般为 2 档或 4 档）。齿轮数量减少，可使主轴箱结构简单，体积缩小，转动时的振动和噪声减小，零件的加工精度较高。主传动机械部分的数控改造主要是主轴部件和主轴支承或工作台导轨的改造。主轴本身的刚性和旋转精度以及支承的刚性都将直接影响零件的加工精度。主轴部分的数控改造，首先应保证本身的刚性以及修复和提高本身的旋转精度。

进给传动的数控化改造同样包括电气部分和机械部分的数控改造。电气部分改造，主要是确定控制方式，选择伺服系统和测量元件。数控系统的控制方式基本上可分为开环、闭环和半闭环三种方式。一般小型机床的数控化改造多采用开环控制方式，大、中型机床的数控化改造多采用半闭环控制方式。由于闭环控制需要直接测出移动部件的实际位置，要在机床的相应部位安装直线测量元件，工作量大、费时多，而且闭环控制的调试相当麻烦，故在机床数控化改造中一般不采用这种控制方式。对于伺服系统的选择，在机床的数控化改造中，小型机床多采用步进电动机驱动系统。大、中型机床则多采用交流伺服系统或直流伺服系统。关于位置测量元件，目前在数控机床中使用最广泛的旋转型测量元件有旋转变压器和光电脉冲编码器。进给传动机械部分的数控改造主要是提高移动部件的灵活性，减少或消除传动间隙，特别是减少反向间隙等内容。其改造工作量较大，通常的改造部位有导轨副、进给箱和移动元件等。

总之，把普通机床改造成数控机床，无论是电气部分的改造，还是机械部分的改造，其主要改造工作都在进给传动部分。作为数控机床改造者，不但要熟悉数控系统的使用方法，还要熟悉机床的机械结构。

3. 特种数控机床开发者

所谓特种数控机床开发，是指为某一特殊用途而开发研制专用的数控机床，如多工位数控钻床等。对这一类数控机床的开发者来说，需要做的工作首先是根据机械本体的结构设计、控制轴数及伺服系统的性能要求，选择恰当的数控系统作为机床的控制器，如 FANUC、SIEMENS 或其他一些品牌的数控系统。然后，将机床位移传感器、导轨的行程开关等信号与数控系统相连，并根据机床电器控制系统的逻辑，在数控系统上编制 PLC 逻辑控制程序，从而完成数控系统的设计。由此过程可以看出，从事数控机床系统的开发工作，最主要的是要熟悉某一种或几种数控系统，掌握其与机床电器、传感器信号的连接方式以及系统参数的配置方法。

以上是从不同的应用目的出发，叙述了数控技术人员所应掌握的知识，其中作为数控机床操作者所应具备的知识是从事其他两类工作的基础。只有熟悉了数控机床的功能及操作方法，才能更好地选用和开发新的数控系统。因此，本书将重点介绍这部分内容。本书上、下两篇的内容分别为：上篇第二章主要介绍数控程序编制的有关知识；第三章介绍了有关数控加工的工艺知识；第四章以 SIEMENS 数控系统为例，介绍了一些典型数控系统的特点及操作方法，第五章介绍了典型的计算机数控系统；下篇第六章与第七章分别重点介绍了数控机床常用的位移检测装置、数控机床的伺服系统等，书中除介绍这些装置的工作原理外，还重点对其相应的产品及产品的使用方法进行了介绍；第八章对数控系统插补原理进行了介绍；第九章介绍了自由曲线及曲面的加工方法。下篇的理论知识对于从事数控改造及数控系统设计工作的人员来说是必需的，而对于仅仅操作数控机床的人员来讲并非是必要的。

第二章

数控加工的程序编制

第一节　编程的基础知识

在普通机床上加工零件时，首先应由工艺人员对零件进行工艺分析，制定零件加工的工艺规程，包括机床、刀具、定位夹紧方法及切削用量等工艺参数。同样，在数控机床上加工零件时，也必须对零件进行工艺分析，制定工艺规程，同时要将工艺参数、几何图形数据等，按规定的编程规则转换成数控程序代码，并将此程序代码信息输入到数控机床的数控装置，再由数控装置控制机床完成零件的全部加工。我们将从零件图样到制作数控机床的程序代码并校核的全部过程称为数控加工的程序编制，简称为数控编程，它是从零件图样到获得数控加工程序的全过程。数控编程是数控加工的重要步骤。理想的加工程序不仅应保证加工出符合图样要求的合格零件，还应使数控机床的功能得到合理的利用与充分的发挥，以使数控机床安全可靠及高效地工作。

一、程序编制的内容与步骤

一般来讲，数控编程过程的主要内容包括：分析零件图样、确定加工工艺过程、计算走刀轨迹得出刀位数据、编写数控加工程序、程序校验和首件试加工。

数控编程的具体步骤与要求如下：

1. 分析零件图样

首先要分析零件的材料、形状、尺寸、精度、批量、毛坯形状和热处理要求等，以便确定该零件是否适合在数控机床上加工，或适合在哪种数控机床上加工。同时要明确加工的内容和要求。

2. 确定加工工艺过程

在分析零件图的基础上，进行工艺分析，确定零件的加工方法（如采用的工夹具、装夹定位方法等）、加工路线（如对刀点、换刀点、进给路线）以及切削用量（如主轴转速、进给速度和背吃刀量等）等工艺参数。数控加工工艺分析与处理是数控编程的前提和依据，而数控编程就是将数控加工工艺内容程序化。制定数控加工工艺时，要合理地选择加工方案，确定加工顺序、加工路线、装夹方式、刀具及切削参数等；同时还要考虑所用数控机床的指令功能，充分发挥机床的效能；尽量缩短加工路线，正确地选择对刀点、换刀点，减少换刀次数，并使数值计算方便；合理选取起刀点、切入点和切入方式，保证切入过程平稳；避免刀具与非加工面的干涉，保证加工过程安全可靠等。

3. 计算走刀轨迹

根据零件图的几何尺寸、确定的工艺路线及设定的坐标系，计算零件粗、精加工运动的轨迹，得到刀位数据。对于形状比较简单的零件（如由直线和圆弧组成的零件）的轮廓加工，要计算出几何元素的起点、终点、圆弧的圆心、两几何元素的交点或切点的坐标值。对于形状比较复杂的零件（如由非圆曲线、曲面组成的零件），需要用直线段或圆弧段逼近，根据加工精度的要求计算出节点坐标值，这种数值计算一般要用计算机来完成。具体计算方法见第九章。

4. 编写数控加工程序

根据加工路线、切削用量、刀具号码、刀具补偿量、机床辅助动作及刀具运动轨迹，按照数控系统使用的指令代码和程序段的格式编写零件加工的程序单。

5. 程序校验和首件试加工

编写的程序必须经过校验和试切才能正式使用。校验的方法是直接将编制的程序输入到数控系统中，让机床空运转，以检查机床的运动轨迹是否正确。在一些数控机床上，具有模拟刀具与工件切削过程进行检验的功能，则进行程序校验更为方便。但这些方法只能检验运动是否正确，不能检验被加工零件的加工精度。因此，要进行零件的首件试切。当发现有加工误差时，要分析误差产生的原因，找出问题所在，加以修正，直至达到零件图样的要求。

二、程序编制的方法

数控编程一般分为手工编程和自动编程两种。

1. 手工编程

手工编程就是从分析零件图样、确定加工工艺过程、数值计算、编写零件加工程序单到程序校验都是由人工完成的编程方法。它要求编程人员不仅要熟悉数控指令及编程规则，而且要具备数控加工工艺知识和数值计算能力。对于加工形状简单、计算量小、程序段数不多的零件，采用手工编程较为容易，而且经济、及时。因此，在点位加工或直线与圆弧组成的轮廓加工中，手工编程仍广泛应用。对于形状复杂的零件，特别是具有非圆曲线、列表曲线及曲面组成的零件，用手工编程就有一定困难，出错的概率增大，有时甚至无法编程，此时必须采用自动编程的方法来解决。

2. 自动编程

自动编程是利用计算机专用软件来编制数控加工程序的编程方法。编程人员只需根据零件图样的要求，使用数控语言，由计算机自动地进行数值计算及后置处理，编写出零件加工程序单，加工程序通过直接通信的方式送入数控机床，指挥机床工作。自动编程使得一些计算繁琐、手工编程困难或无法编出的程序能够顺利地完成。

三、程序的结构与格式

每种数控系统，根据其本身特点及编程需要，都有一定的程序格式。对于不同的机床，程序格式也不相同。因此编程人员必须严格按照机床使用说明书的规定格式进行编程。

1. 程序的结构

数控程序由程序编号、程序内容和程序结束段组成。例如：

程序编号：%0001

程序内容：N001 G92 X40.0 Y30.0；

　　　　　N002 G90 G00 X28.0 T01 S800 M03；

　　　　　N003 G01 X-8.0 Y8.0 F200；

　　　　　N004 X0 Y0；

　　　　　N005 X28.0 Y30.0；

　　　　　N006 G00 X40.0；

程序结束段：N007 M02；

（1）程序编号　程序编号为程序的开始部分，也是程序的开始标记，供在数控装置存储器中的程序目录中查找、调用。程序编号一般由地址码和四位编号数字组成。不同数控系统程序编号的地址码不同，如日本 FANUC6 数控系统采用 O 作为程序编号地址码；美国的 AB8400 数控系统采用 P 作为程序编号地址码；德国的 SIEMENS 数控系统采用%作为程序编号地址码等。

（2）程序内容　程序内容是整个程序的核心，它由若干个程序段组成，每个程序段由一个或多个指令字构成，每个指令字由地址符和数字组成，它代表机床的一个位置或一个动作。每一程序段结束用字符"LF"。

（3）程序结束段　以程序结束指令 M02（程序结束指令）或 M30（批量零件加工时，程序结束指令和返回程序开始指令）作为整个程序结束的符号。

2. 程序段格式

一个完整的零件加工程序，由若干程序段组成；一个程序段由序号、若干代码字和结束符号组成；每个代码字，由字母和数字组成，如图 2-1 所示。

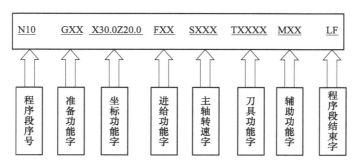

N10	GXX	X30.0Z20.0	FXX	SXXX	TXXXX	MXX	LF
程序段序号	准备功能字	坐标功能字	进给功能字	主轴转速字	刀具功能字	辅助功能字	程序段结束字

图 2-1　程序段格式

（1）程序段序号　程序段序号简称顺序号。顺序号位于程序段之首，由顺序号字 N 和后续数字组成。后续数字一般为 1~4 位的正整数。

（2）准备功能字等　准备功能字 G 代码是使机床建立某种加工方式的指令，后文将会对各种加工指令，如直线加工、圆弧加工等指令做详细介绍。同样，进给功能字、主轴转速字、刀具功能字、辅助功能字等的含义都将会在后文介绍。

（3）坐标功能字　坐标功能字由坐标地址符及数字组成，并按一定的顺序进行排列。

各组数字必须具有作为地址码的地址符 X、Y、Z 开头。各坐标轴的地址符按下列顺序排列：X、Y、Z、U、V、W、P、Q、R、A、B、C。其中，X、Y、Z 为刀具运动的终点坐标值。

（4）程序段结束字　程序段结束字放在程序段的最后一个有用的字符之后，表示程序段的结束。程序段以字符"LF"结束。编程时字符"LF"可以省略，可以通过换行切换自动生成。

（5）程序注释　为了使 NC 程序更容易理解，可以为 NC 程序段加上注释。注释放在程序段的结束处，并且用分号（";"）将其与 NC 程序段的程序隔开。例如：

N10 G01 F100 X10 Y20；程序段的注释

四、数控机床坐标系和运动方向的规定

统一规定数控机床坐标轴名称及其运动的正负方向，是为了使所编程序对同类型机床有互换性，同时也使编程简便。国际标准化组织曾经统一了标准的坐标系，德国制定了 DIN 66217—1975《数控加工机床的轴与运动名称》标准。

数控机床坐标系有机床坐标系和工件坐标系，其中工件坐标系又称为编程坐标系。

1. 机床坐标系

机床坐标系（Machine Coordinate System）是以机床原点 O 为坐标系原点，并遵循右手笛卡儿直角坐标系建立的由 X、Y、Z 轴组成的直角坐标系。

机床坐标系又称为机械坐标系，它用以确定工件、刀具等在机床中的位置，是机床运动部件的进给运动坐标系，其坐标轴及运动方向按标准规定，是机床上的固有坐标系。机床坐标系原点又称为机床零点，它是其他所有坐标系，如工件坐标系以及机床参考点的基准点。其原点位置由机床生产厂家设定，不能随意改变。

数控装置起动时并不知道机床零点，为了在机床工作时正确地建立机床坐标系，通常在每个坐标轴的移动范围内设置一个机床参考点（测量起点），机床起动时，通常要用机动或手动回到参考点，以建立机床坐标系。

机床参考点可以与机床零点重合，也可以不重合。通过参数指定机床参考点到机床零点的距离。机床回到了参考点位置，也就知道了该坐标轴的零点位置，找到所有坐标轴的参考点，数控加工中心（Computerized Numerical Control Machine，CNC）就建立起机床坐标系。

机床坐标轴的机械行程是由最大和最小限位开关来限定的。机床坐标轴的有效行程范围是由软件限位来界定的，其值由制造商定义。

坐标系与机床的相互关系取决于机床的类型。坐标轴方向由右手"三指定则"（符合 DIN 66217—1975 标准）确定。

直角坐标 X、Y、Z 三者的关系及其正方向用右手定则判定，如图 2-2 所示，站在机床面前，伸出右手，中指与主要主轴进刀的方向相对。然后可以得到：

1）大拇指为方向 $+X$；

2）食指为方向 $+Y$；

3）中指为方向 $+Z$。

用 A、B 和 C 分别表示围绕坐标轴 X、Y 和 Z 的旋转运动。沿坐标轴正方向观察，当顺时针旋转时旋转方向为正。

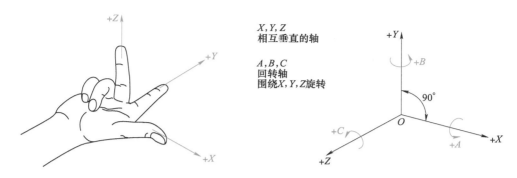

图 2-2　右手笛卡儿直角坐标系

（1）坐标原则

1）遵循右手笛卡儿直角坐标系；

2）永远假设工件是静止的，刀具相对于工件运动；

3）刀具远离工件的方向为正方向。

（2）坐标轴

1）确定 Z 轴。传递主要切削力的主轴为 Z 轴；若没有主轴，则 Z 轴垂直于工件装夹面；若有多个主轴，选择一个垂直于工件装夹面的主轴为 Z 轴。

2）确定 X 轴（X 轴始终水平，且平行于工件装夹面）。没有回转刀具和工件，X 轴平行于主要切削方向（牛头刨）；有回转工件，X 轴是径向的，且平行于横滑座（车、磨）。

有刀具回转的机床，分为以下三类：

① Z 轴水平，由刀具主轴向工件看，X 轴水平向右；

② Z 轴垂直，由刀具主轴向立柱看，X 轴水平向右；

③ 龙门机床，由刀具主轴向左侧立柱看，X 轴水平向右。

3）确定 Y 轴，按右手笛卡儿直角坐标系确定。

按照以上坐标原则，图 2-3 给出了不同类型机床坐标系的位置。

2. 工件坐标系

工件坐标系是编程时使用的坐标系，又称为编程坐标系。该坐标系是人为设定的。为了计算和编程方便，可根据零件图样自行确定，用于确定工件几何图形上点、直线、圆弧等各几何要素的位置，图 2-4 所示为工件零点的一个例子。

当工件在机床上固定以后，工件原点与机床原点就有了确定的位置关系，即确定了两坐标原点的偏差。这就要测量工件原点与机床原点之间的距离。这个偏差值通常是由机床操作者在手动操作下，通过对刀过程完成的。该测量值可以预存在数控系统内或编写在加工程序中，在加工时工件原点与机床原点的偏差值便自动加到工件坐标系上，使数控系统按照机床坐标系确定工件的坐标值，实现零件的自动加工。

五、运动轨迹控制与进给率的说明

在数控加工中，刀具运动轨迹的控制主要由直线运动轨迹（快速移动 G00、直线运行 G01）、圆弧运动轨迹（顺时针圆弧运动 G02、逆时针圆弧运动 G03）四个指令构成，其他

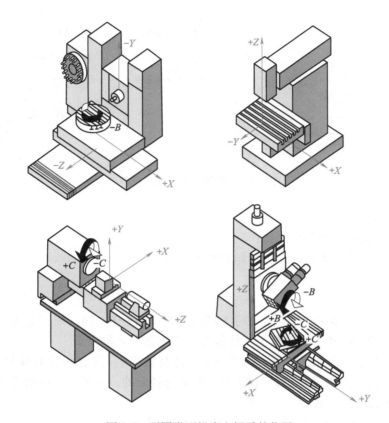

图 2-3　不同类型机床坐标系的位置

曲线运动轨迹的控制则需通过数学逼近的算法，用若干直线段或圆弧段来逼近给定的曲线。

在数控加工的设置中，通过编程进给率控制刀具对工件的切削速度（每分钟或每转的位移），即刀具随主轴高速旋转，按预设的刀具路径向前切削的速度。

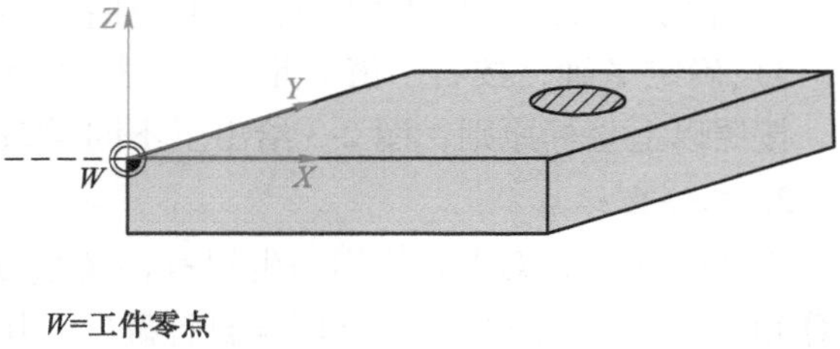

W=工件零点

图 2-4　工件零点

1. 快速移动

快速移动不仅可以用于定位（G00），还可以用于快速手动运行（JOG）。在快速移动中，每个轴按照各自设定的快速移动速度运行。机床制造商可通过机床数据确定各轴的快速移动速度。

2. 轨迹进给率（F 功能）

线性插补（G01）或圆弧插补（G02，G03）时刀具的进给率，由地址符"F"确定。地址符"F"后输入切削刀具的进给率，单位为 mm/min。

通常情况下，轨迹进给率由所有参与运动的几何轴的各个速度分量组成，并以铣刀中心点为参照（图 2-5、图 2-6）。

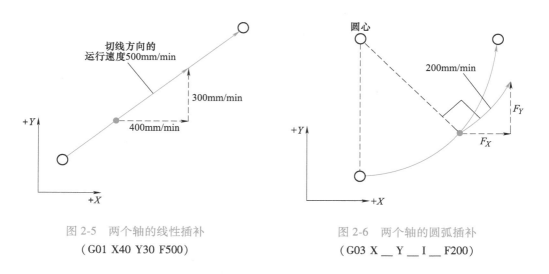

图 2-5　两个轴的线性插补　　　　　　　图 2-6　两个轴的圆弧插补
（G01 X40 Y30 F500）　　　　　　　（G03 X __ Y __ I __ F200）

六、准备功能与辅助功能代码

目前数控机床的 NC（数控）编程代码都可以分成准备功能 G 代码、辅助功能 M 代码以及其他辅助代码（F、S、T 等）。通过这些代码编程来实现机床的各种动作与移动。G 代码和 M 代码是程序的基础。

关于数控加工编程中所使用的加工指令、辅助功能、坐标系统及程序格式等，国际上已经形成了通用的国际标准。然而，有些国家（特别是日本）或公司所制定的 G 代码、M 代码的功能含义与 ISO 标准不完全相同，必须根据数控机床使用说明书的规定进行编程。

1. 准备功能 G 代码

准备功能 G 代码是使机床建立某种加工方式的指令。使用 G 代码可以实现快速定位、逆圆插补、顺圆插补、中间点圆弧插补、半径编程、跳转加工。

准备功能 G 代码是用地址字 G 和后面的两位或三位数字来表示的，从 G00 到 G99 共 100 种，不同的数控系统不尽相同。常用的数控加工准备功能 G 代码见表 2-1，表中用 "＊" 号表示非模态式 G 代码。

G 代码按其功能不同分为若干组。G 代码有两种模态：模态式 G 代码和非模态式 G 代码。模态式 G 代码为续效指令，一经程序段指定，便一直有效，直到后面出现同组另一指令或被其他指令取消时才失效，例如：

G01 X0 Y0

X50 Y45

Z200

只写一个 G01 指令后面的继续有效。非模态式 G 代码为非续效指令，其功能仅在出现的程序段有效。

表 2-1　常用的 G 代码及其功能

G 代码	功能说明	G 代码	功能说明
组 1		组 5	
G00	快速移动	G93	反比时间进给率（r/min）
G01	直线运行	G94	进给率（mm/min，in/min）
G02	顺时针圆弧/螺线	G95	旋转进给率（mm/r，in/r）
G03	逆时针圆弧/螺线	组 6	
组 2		G20*	英制输入系统
G17	XY 平面	G21*	公制输入系统
G18	ZX 平面	组 7	
G19	YZ 平面	G40	取消铣刀半径补偿
组 3		G41	轮廓左侧补偿
G90	绝对编程	G42	轮廓右侧补偿
G91	增量编程		

2. 辅助功能 M 代码

辅助功能 M 代码由地址字 M 和其后的两位数字组成（M00~M99），主要用于控制零件程序的走向，以及机床各种辅助功能的开关动作（如机床的起/停、切削液的开关、主轴转向、刀具夹紧或松开等）。常用的 M 代码及其功能见表 2-2。

表 2-2　常用的 M 代码及其功能

M 代码	功能说明	M 代码	功能说明
M00	程序停止	M06	换刀
M01	选择停止	M07/08	切削液打开
M02（单件生产）	程序结束	M09	切削液关闭
M03	主轴正转起动	M30（批量生产）	程序停止
M04	主轴反转停止	M98	调用子程序
M05	主轴停止转动	M99	子程序结束

3. 其他辅助代码

（1）进给功能字 F　进给功能字的地址符是 F，又称为 F 功能或 F 指令，用于指定切削的进给速度。F 指令可分为每分钟进给量（mm/min）和主轴每转进给量（mm/r）两种。

每转进给量编程格式 G95 F ___；F 后面的数字表示主轴每转进给量，单位为 mm/r。例如：G95 F0.2，表示进给量为 0.2mm/r。

每分钟进给量编程格式 G94 F ___；F 后面的数字表示每分钟进给量，单位为 mm/min。例如：G94 F100，表示进给量为 100mm/min。

当工作在 G01、G02 或 G03 方式下时，F 一直有效，直到被新的 F 指令所取代。而工作在 G00 方式下时，快速定位速度是各轴的最高速度，与 F 无关。

（2）主轴转速功能字 S　主轴转速功能字的地址符是 S，又称为 S 功能或 S 指令，用于指定主轴转速，单位为 r/min。

主轴的实际转速常用数控机床操作面板上的主轴倍率开关来调整。倍率开关通常在 50%～200%之间设有许多档位，编程时总是假定倍率开关指在 100%的位置上。

（3）刀具功能字 T　刀具功能字的地址符是 T，又称为 T 功能或 T 指令，用于指定加工时所用刀具的编号。

在换刀时，必须激活在 D 号下所存储的刀具补偿值，刀具调用后，刀具长度补偿立即生效。例如，指令"T1 D1"表示换入刀具 T1 并激活刀具补偿 D1。

第二节　数控铣床的程序编制

数控铣床是一种加工功能很强的数控机床，目前迅速发展起来的加工中心、柔性加工单元等都是在数控铣床、数控镗床的基础上产生的，两者都离不开铣削方式。由于数控铣削工艺最复杂，需要解决的技术问题也最多，因此，目前人们在研究和开发数控系统及自动编程语言的软件系统时，也一直把铣削加工作为重点。

数控铣床主要铣削平面、沟槽和曲面，还能加工复杂的型腔和凸台。数控铣床主轴安装铣削刀具，在加工程序控制下，安装工件的工作台沿着 X、Y、Z 三个坐标轴的方向运动，通过不断改变铣削刀具与工件之间的相对位置，加工出符合图样要求的工件。由于数控铣床配置的数控系统不同，使用的指令在定义和功能上有一定的差异，但其基本功能和编程方法是相同的。

一、数控铣床的主要功能

1. 点位控制功能

数控铣床的点位控制功能主要用于工件的孔加工，如中心钻定位、钻孔、扩孔、锪孔、铰孔和镗孔等。

2. 连续控制功能

通过数控铣床的直线插补、圆弧插补或复杂的曲线插补运动，对工件的平面和曲面进行铣削加工。

3. 刀具半径补偿功能

如果直接按工件轮廓线编程，在加工工件内轮廓时，实际轮廓线将增大一个刀具半径值；在加工工件外轮廓时，实际轮廓线又减小了一个刀具半径值。使用刀具半径补偿的方法，数控系统自动计算刀具中心轨迹，使刀具中心偏离工件轮廓一个刀具半径值，从而加工出符合图样要求的轮廓。利用刀具半径补偿功能，改变刀具半径补偿量，还可以补偿刀具磨损量和加工误差，实现对工件的粗加工和精加工。

4. 刀具长度补偿功能

改变刀具长度补偿量，可以补偿刀具换刀后的长度偏差值，还可以改变切削加工的平面位置，控制刀具的轴向定位精度。

5. 固定循环加工功能

应用固定循环加工指令，可以简化加工程序，减少编程的工作量。

6. 子程序功能

如果加工的工件形状相同或部分相似，将其编写成子程序，由主程序调用，这样可以简化程序结构。引用子程序的功能使加工程序模块化，即按加工过程的工序分成若干个模块，分别编写成子程序，由主程序调用，完成对工件的加工。这种模块式的程序便于加工调试，优化加工工艺。

7. 特殊功能

在数控铣床上配置仿形软件和仿形装置，用传感器对实物进行扫描及采集数据，经过数据处理后自动生成 NC 程序，进而实现对工件的仿形加工，即实现逆向加工。总之，配置一定的软件和硬件之后，能够扩大数控铣床的使用功能。

二、铣削加工几何设置

1. 可设定的零点偏置（G54~G59）

（1）指令功能　数控系统直接采用零点偏置指令（G54~G59）建立工件坐标系，工件坐标系与机床原点的偏移值通过对刀确定，然后输入到 G54~G59 相应的寄存器中。当程序执行到 G54~G59 某一指令时，数控系统找到相应寄存器的值，实现机床原点到工件坐标系的偏移。如果是大批量加工，夹具位置在机床上相对固定，可以使用 G54~G59 定义工件坐标系。

用 G54~G59 指令可以建立六个工件坐标系。使用 G54~G59 指令运行程序时与刀具的初始位置无关。

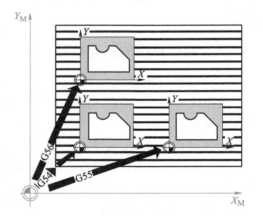

（2）编程格式与说明

G54；调用第一个可设定的零点偏置
$\vdots$
G59；调用第六个可设定的零点偏置

例如，图 2-7 所示有三个工件，它们放在托盘上并与零点偏移值 G54~G56 相对应，需要按顺序对其进行加工。

程序代码（加工顺序在子程序 L47 中编程）：

图 2-7　零点偏移指令应用例子

N10 G0 G90 X10 Y10 F500 T1；　　逼近

N20 G54 S1000 M03；　　　　　　调用第一个零点偏移，主轴正转

N30 L47；　　　　　　　　　　　程序作为子程序运行

N40 G55 G0 Z200；　　　　　　　调用第二个零点偏移，Z 在障碍物之后

N50 L47；　　　　　　　　　　　程序作为子程序运行

N60 G56；　　　　　　　　　　　调用第三个零点偏移

N70 L47；　　　　　　　　　　　程序作为子程序运行

N80 G53 X200 Y300 M30；　　　　零点偏移抑制，程序结束

2. 工作平面选择（G17~G19）

（1）指令功能　指定加工所需工件的平面，可以同时确定以下功能：

1）用于刀具半径补偿的平面。

2）用于刀具长度补偿的进刀方向，与刀具类型相关。

3）用于圆弧插补的平面。

（2）编程格式与说明　在 NC 程序中使用 G 指令 G17、G18、G19 对工作平面进行如下定义：

G17：工作平面 XY，进刀方向 Z；

G18：工作平面 ZX，进刀方向 Y；

G19：工作平面 YZ，进刀方向 X。

在初始设置中，铣削默认的工作平面是 G17（XY 平面），建议在程序开始时就确定工作平面 G17~G19。

铣削加工时的工作平面与进刀方向如图 2-8 所示。

铣削的"典型"工作步骤：

1）定义工作平面（G17 用于铣削的初始设置）。

2）调用刀具类型（T）和刀具补偿值（D）。

3）激活路径补偿（G41）。

4）编程运行动作。

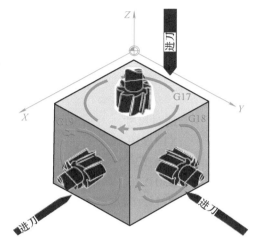

图 2-8　铣削加工时的进刀方向

程序代码：

N10 G17 T5 D8;　　　　　　　　　调用工作平面 XY，调用刀具，在 Z 方向进行长度补偿。

N20 G1 G41 X10 Y30 Z-5 F500;　在 XY 平面进行半径补偿。

N30 G2 X22.5 Y40 I50 J40;　　　在 XY 平面进行圆弧插补/刀具半径补偿。

三、编程坐标尺寸

大多数 NC 程序的基础部分是一份带有具体尺寸的工件图样，其尺寸说明可以是：

1）绝对尺寸或增量尺寸。

2）毫米或英寸。

3）半径或直径（旋转时）。

为了能使尺寸图样中的数据直接被 NC 程序接受，针对不同情况，为用户提供有专用的编程指令。

1. 绝对/增量尺寸输入（G90, G91）

（1）指令功能　通过该 G 指令可以给定轴地址后生效的尺寸单位：绝对或相对（增量）。

（2）编程格式与说明

1）所有 G90 后写入的轴位置值，如 X、Y、Z 都视为绝对轴位置。

2）所有 G91 后写入的轴位置值，如 X、Y、Z 都视为增量轴位置。

其含义如图 2-9 所示。

在绝对尺寸中，为点 P_1~P_3 设定下列位置数据：

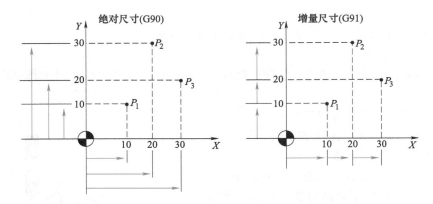

图 2-9 绝对/增量尺寸输入（G90, G91）

位置	绝对尺寸
P1	X10 Y10
P2	X20 Y30
P3	X30 Y20

在增量尺寸中，为点 $P_1 \sim P_3$ 设定下列位置数据：

位置	相对尺寸	相对的位置
P1	X10 Y10	零点
P2	X10 Y20	P1
P3	X10 Y−10	P2

2. 英制/公制尺寸输入（G20, G21）

（1）指令功能　编程时可以为和工件相关的轴选择公制或英制尺寸，G20 用于激活"英寸"输入，G21 用于激活"毫米"输入。

（2）编程格式与说明　必须始终在程序段开头处写入 G20 和 G21，并且该程序段中不允许出现其他指令。执行选择尺寸单位的 G 功能时，以下值会转换为所选的尺寸单位：指令之后的所有程序、补偿值、定义的参数或定义的手动操作值和显示值。

编程示例 2-1：

G20；确定英制尺寸输入格式

…　　其他程序

3. 计算参数 R

如果一个 NC 程序不仅仅适用于一次性特定数值，或者必须要计算出数值，则可以使用计算参数。

在程序运行时，可以通过数控系统计算或者设置所需要的数值。一个程序段中可以有几个赋值指令，也可以赋值计算表达式。

在使用运算符/计算功能时，必须遵守通常的数学运算规则。在三角函数中单位使用"度"。

编程示例 2-2：

R1 = 40 R2 = 10 R3 = −20 R4 = −45 R5 = −30；用 R 参数为坐标轴赋值

N10 G1 G90 X=R1 Z=R2 F300；单独程序段（运行程序段）
N20 Z=R3
N30 X=-R4
N40 Z= SIN(25.3)-R5；带算术运算
M30

四、位移指令

编程的工件轮廓通常可以由轮廓元素直线、圆弧和螺旋线等构成。为了生成这些轮廓元素，可使用表 2-3 所示的 G 功能指令。这些运行指令模态有效。

表 2-3　定位的 G 功能

G 代码	功能说明	G 功能组
G00	快速移动	01
G01	直线运行	01
G02	顺时针圆弧/螺线	01
G03	逆时针圆弧/螺线	01

运行总是从最近位置运行到编程的目标点。这个目标位置将成为下一次运行指令的起始位置。在加工过程开始前必须先将刀具定位，运行程序段依次执行而产生工件轮廓，如图 2-10 所示。

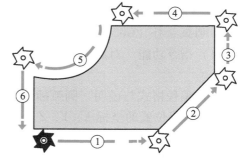

图 2-10　铣削时的运行程序段

1. 快速移动（G00）

（1）指令功能　快速移动可以用于刀具快速定位、工件绕行或者移动到换刀位置。

（2）编程格式与说明

编程格式：

G00 X __ Y __ Z __;

写入 G00 的刀具运行将以可能的最大速度（快速移动）执行。在机床数据中单独定义每个轴的快速移动速度。如果同时在多个轴上执行快速移动，则快速移动速度由参与轨迹运行时间最长的轴决定。

G00 程序段中没有写入的轴也不会运行。定位时每个轴以各自预设的快速移动速度单独运行。

编程示例 2-3：

G00 X40 Y40 Z40;

其运行结果如图 2-11 所示。

由于在 G00 定位时轴单独运行（没有插补），因而每个轴在不同时间到达终点。因此，在多轴定位时要特别仔细、谨慎，防止定位时刀具和工件或设备相撞。

通过置位机床数控系统可以设置 G00 为线性插补模式。此时，所有写入的轴以带线性插补的快速移动运行，并同时到达目标位置。

2. 线性插补（G01）

（1）指令功能 刀具按照指定的坐标和速度，以任意斜率由起始点移动到终点位置做直线运动。可以用线性插补功能加工 3D 平面、槽等。

（2）编程格式与说明

编程格式：

G01 X ＿ Y ＿ Z ＿ F ＿；

G01 执行带轨迹进给率的线性插补。G01 程序段中没有写入的轴也不会运行。

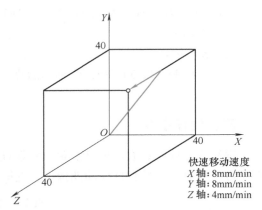

快速移动速度
X 轴：8mm/min
Y 轴：8mm/min
Z 轴：4mm/min

图 2-11　三个同步可控轴的定位运行

进给速度由地址 F 给定，取决于机床数据中的默认设置。G 指令确定的尺寸单位（G20，G21）为英寸或毫米。每个 NC 程序段允许写入一个 F 值。通过其中一个 G 指令确定进给速度的单位。进给率 F 只对轨迹轴生效，在写入新的进给值后失效。

可以通过绝对值或增量值给定终点。

编程示例 2-4：

G01 X40 Y40 Z40 F100；

其运行结果如图 2-12 所示。

3. 圆弧插补（G02，G03）

（1）指令功能 对圆弧运动的可能性进行编程。

（2）编程格式与说明 圆弧插补 G02/G03除了需要目标位置的坐标 X、Y、Z 外，还需要其他数据，例如圆心位置、圆弧半径等，以确定所要加工的圆弧。

控制系统提供了一系列不同的方法来对圆弧运动进行编程。圆弧运动通过以下几点来描述：

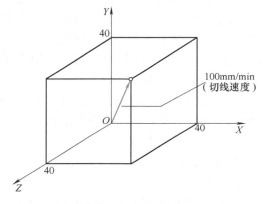

100mm/min（切线速度）

图 2-12　线性插补

1）以绝对或相对尺寸表示的圆心和终点（标准模式）。

2）以直角坐标表示的半径和终点。

3）以直角坐标中的张角和终点或者给出地址的圆心。

4）以极坐标带有"极角 AP ＝…"和"极半径 RP ＝…"的方式。

5）以中间点和终点的方式。

6）以终点和起点上的正切方向的方式。

执行圆弧插补的指令见表 2-4。

在写入圆弧（G02，G03）前，必须先通过 G17、G18 或 G19 选择所需的插补平面。G02表示顺时针方向旋转的圆弧，G03 表示逆时针方向旋转的圆弧。不同插补平面的圆弧的旋转方向如图 2-13 所示。

表 2-4　执行圆弧插补的指令

按键或开关	指　令	功　能　说　明
平面名称	G17	$X—Y$ 平面中的圆弧
	G18	$Z—X$ 平面中的圆弧
	G19	$Y—Z$ 平面中的圆弧
旋转方向	G02	顺时针方向
	G03	逆时针方向
终点位置	X、Y 或 Z 中的两个轴	终点位置，工件坐标系
	X、Y 或 Z 中的两个轴	起点到终点的距离，带正负号
起点到中间点的距离	I、J 或 K 中的两个轴	起点到圆心的距离，带正负号
圆弧半径	R	圆弧半径
进给	F	沿着圆弧的速度

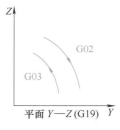

图 2-13　圆弧的旋转方向

编程格式：

通过下面给出的指令，刀具在平面 $X—Y$、$Z—X$ 或 $Y—Z$ 中沿给定的圆弧运行，以保持"F"定义的圆弧上的进给率。

1）$X—Y$ 平面中：

　　G17 G02（或 G03）X ___ Y ___ R ___（或 I ___ J ___）F ___；

2）$Z—X$ 平面中：

　　G18 G02（或 G03）Z ___ X ___ R ___（或 K ___ I ___）F ___；

3）$Y—Z$ 平面中：

　　G19 G02（或 G03）Y ___ Z ___ R ___（或 J ___ K ___）F ___；

在写入圆弧（G02，G03）前，必须先通过 G17、G18 或 G19 选择所需的插补平面。数控系统提供两种写入圆弧运行的方法：

1）圆弧中心和终点，绝对值或增量值（默认设置），其中绝对值表示方法为：

G02/G03 X ___ Y ___ Z ___

I＝AC（___）J＝AC（___）K＝AC（___）；圆心和终点绝对值以工件零点为基准

增量值的表示方法为：

G02/G03 X ___ Y ___ Z ___ I ___ J ___ K ___；相对尺寸中的圆心以圆弧起点为基准

2）以直角坐标表示的半径和终点：

对于张角不大于 180° 的圆弧插补，应写入 "R>0"（正值）。

对于张角大于 180° 的圆弧插补，应写入 "R<0"（负值）。

编程示例 2-5：

G17 G02 X ___ Y ___ R±___ F ___；

其几何含义如图 2-14 所示。

下面针对以上两种写入圆弧运行的方法，分别给出两个编程例子予以说明。

编程示例 2-6： 给定圆弧中心和终点坐标，确定圆弧运行的方法。图 2-15 所示为一个铣削圆弧编程的例子，其数控程序代码为：

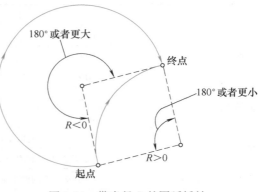

图 2-14 带半径 R 的圆弧插补

N10 G00 G90 X133 Y44.48 S800 M03；   逼近起始点

N20 G17 G01 Z-5 F1000；   刀具横向进给

N30 G02 X115 Y113.3 I-43 J25.52；   用相对尺寸表示的圆弧终点，中心点

N30 G02 X115 Y113.3 I=AC（90）J=AC（70）；   用绝对尺寸表示的圆弧终点，中心点

N40 M30；程序结束

编程示例 2-7： 给定圆弧直角坐标表示的半径和终点，确定圆弧运行的方法。同样以图 2-15 为例，其数控程序代码为：

N10 G00 G90 X133 Y44.48 S800 M03；逼近起始点

N20 G17 G01 Z-5 F1000；   刀具横向进给

N30 G02 X115 Y113.3 R-50；   圆弧终点，圆弧半径

N40 M30；   程序结束

对于整圆（运行角度 360°），不能用圆弧半径 R 来编程，而是通过圆弧终点和插补参数来编程。

编程示例 2-8： 图 2-16 所示为整圆编程，要求由 A 点逆时针插补并返回到 A 点。

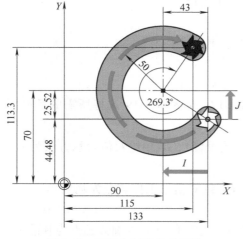

图 2-15 铣削圆弧编程的例子

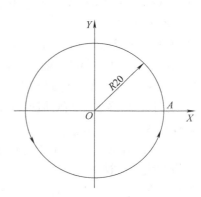

图 2-16 整圆编程

编程格式：

G90 G03 X20.0 Y0 I-20.0 J0 F100

或

G91 G03 X0 Y0 I-20.0 J0 F100

五、刀具补偿功能

在数控加工中有两种刀具补偿，即刀具半径补偿与刀具长度补偿。这两种补偿基本上能解决在加工中因刀具形状而产生的轨迹问题。

具有刀具补偿功能的数控机床，在编制加工程序时，可以按零件实际轮廓编程。加工前测量实际的刀具半径、长度等，作为刀具补偿参数输入数控系统，就可以加工出合乎尺寸要求的零件轮廓。

刀具补偿功能还可以满足加工工艺等其他一些要求，可以通过逐次改变刀具半径补偿值大小的办法，调整每次进给量，以达到利用同一程序实现粗、精加工循环。另外，因刀具磨损、重磨而使刀具尺寸变化时，若仍用原程序，势必造成加工误差，用刀具长度补偿则可以解决这个问题。

1. 刀具半径补偿（G40，G41，G42）

（1）指令功能　在创建工件加工程序时无需考虑刀具半径，可以直接使用工件尺寸编程。例如：根据图样直接编程。根据零件轮廓轨迹，生成刀具中心轨迹。在程序中只需调用所要求的刀具及刀补参数，数控系统利用这些数据执行所要求的轨迹补偿，从而加工出所要求的工件。

数控机床在加工过程中，它所控制的是刀具中心的轨迹，为了方便起见，一般是按零件轮廓编制加工程序，因而为了加工所需的零件轮廓，在进行内轮廓加工时，刀具中心必须向零件内侧偏移一个刀具半径值；在进行外轮廓加工时，刀具中心必须向零件外侧偏移一个刀具半径值，如图 2-17 所示。这种按零件轮廓编制的程序和预先设定的偏置参数，数控装置能实时自动生成刀具中心轨迹的功能，称为刀具半径补偿功能。在图 2-17 中，实线为所需加工的零件轮廓，虚线为刀具中心轨迹。根据 ISO 标准，当刀具中心轨迹在编程轨迹（零件轮廓）前进方向的右边时，称为右侧补偿，用 G42 指令实现；反之称为左侧补偿，用 G41 指令实现。铣刀半径补偿如图 2-18 所示。

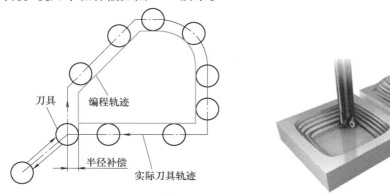

图 2-17　刀具轨迹与编程轨迹

（2）编程格式与说明 执行刀具半径补偿的指令见表 2-5。刀具半径补偿由 G41 或 G42 调用并由 G40 取消。补偿方向由定义的 G 功能（G41，G42）确定，而补偿量由 D 功能确定。

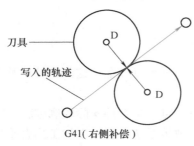

图 2-18 铣刀半径补偿

表 2-5 刀具半径补偿的指令

G 代码	功 能 说 明
G40	取消刀具半径补偿
G41	刀具半径补偿（刀具在轮廓左侧沿加工方向加工）
G42	刀具半径补偿（刀具在轮廓右侧沿加工方向加工）

编程格式：

G41/G42 G0/G1 X __ Y __ Z __;

⋮

G40X __ Y __ Z __;

编程示例 2-9： 图 2-19 所示为一个铣削半径补偿编程的例子，其数控程序代码为：

N10 G00 X50; 无补偿逼近 X50

N20 G01 G41 Y50 F200; 半径补偿激活，补偿后
逼近点（X50，Y50）

N30 Y100

⋮

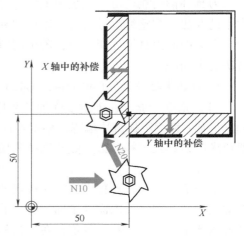

图 2-19 铣削半径补偿的例子

编程示例 2-10： 以下说明取消刀具补偿后，刀具运动的轨迹，如图 2-20 所示。执行程序代码为：

取消补偿方式（直线—直线）：

G41

⋮

G01 X __ F __;

G40 X __ Y __;

取消补偿方式（圆弧—直线）：

G41

⋮

G02 X __ Y __ I __ J __;

G01 G40 X __ Y __;

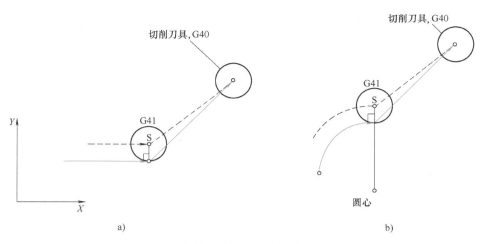

图 2-20　取消刀具补偿方式

a）直线—直线　b）圆弧—直线

编程示例 2-11：图 2-21 所示为一个铣削半径补偿编程的例子，其数控程序代码为：

N10 G0 X0 Y0 Z1 M03 S300；　　　空运行，启动主轴
N20 Z-7 F500；　　　　　　　　　进刀
N30 G41 X20 Y20；　　　　　　　激活刀具半径补偿，刀具在轮廓左侧加工
N40 Y40；　　　　　　　　　　　铣削轮廓
N50 X40 Y70
N60 X80 Y50
N70 Y20
N80 X20
N90 G40 G0 Z100 M30；　　　　　退刀，程序结束

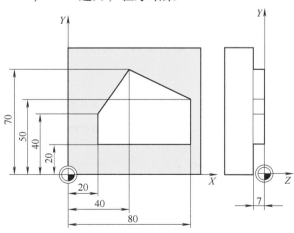

图 2-21　铣削半径补偿的例子

2. 刀具长度补偿（G43，G44，G49）

（1）指令功能　使用刀具长度补偿可以消除不同刀具之间的长度差别。刀具的长度是

指刀架基准点与刀尖之间的距离，如图 2-22 所示。测量出这个长度，然后与可设定的磨损量一起输入到控制系统的刀具补偿存储器中。在执行刀具长度补偿时，刀具补偿数据存储器中保存的数值和程序中给定的 Z 轴值相加或相减，从而可以根据切削刀具的长度补偿值控制刀具的运动轨迹。

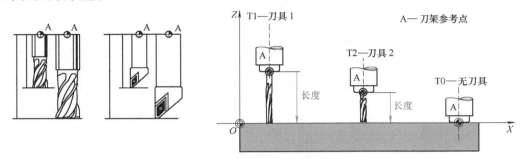

图 2-22　刀具的长度

（2）编程格式与说明　执行刀具长度补偿的指令见表 2-6。在执行刀具长度补偿时，由使用的 G 代码确定刀具补偿数据的加减；由 H 代码确定补偿的方向。

表 2-6　用于刀具长度补偿的 G 代码

G 代码	功能说明
G43	加法
G44	减法
G49	取消选择

G43 和 G44 是模态生效的指令，直至被 G49 取消。G49 可取消刀具长度补偿，H00 同样可用于取消刀具长度补偿。

编程格式：

G43（或 G44）Z ＿ H ＿；H 功能定义的刀具补偿值和给定的 Z 轴位置值相加或相减，Z 轴随后运行到经过补偿的目标位置，即：程序中给定的 Z 轴目标位置发生偏移，偏移量为刀具补偿值

编程示例 2-12（图 2-23）：

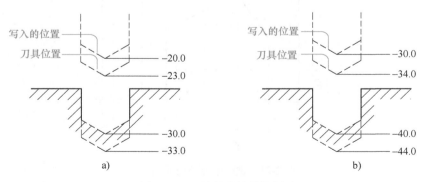

图 2-23　刀具长度补偿的例子

H10　　　补偿量 -3.0

H11　　　补偿量 4.0

N101   G01 Z0；刀具位置为 0.0
N102   G90 G00 X1.0 Y2.0；刀具位置为 0.0
N103   G43 Z-20 H10；刀具位置为-23.0
N104   G01 Z-30 F1000；刀具位置为-33.0
N105   G00 Z0 H00；刀具位置为 0.0
  ⋮
N201   G00 X-2.0 Y-2.0；刀具位置为 0.0
N202   G44 Z-30 H11；刀具位置为-34.0
N203   G01 Z-40 F1000；刀具位置为-44.0
N204   G00 Z0 H00；刀具位置为 0.0

六、子程序调用代码

在数控加工过程中，用子程序编写经常重复进行的加工。子程序的一种形式就是加工循环。图 2-24 所示为工件上四次使用一个子程序的示例。在主程序中，可以在需要的位置调用并运行子程序。从程序编写上讲，主程序和子程序之间并没有区别。

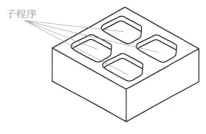

图 2-24　子程序调用的例子

子程序结构与主程序结构一样。在子程序中，也是在最后一个程序段中使用 M02（程序结束）结束运行。这就表示返回到所调用的程序界面。

1. 子程序名称

为了能从多个子程序中选择特定的子程序，必须为其设定一个自己的名称。在创建程序时可以自由选择名称，但是必须符合规定。

适用主程序命名的同样规则。另外，在子程序中还可以使用地址字 L ＿ 。其值可以是七位数（仅为整数），例如子程序：L10。

2. 子程序调用

在一个程序中（主程序或子程序）可以直接用程序名调用子程序。为此需要占用一个单独的程序段。

编程示例 2-13：

N10 L10 ；调用子程序 L10
N20 L20 ；调用子程序 L20

3. 子程序重复调用

如果要求多次连续地执行某一子程序，则在编程时必须在所调用子程序的程序后面地址 P 写入调用次数。

编程示例 2-14：

N10 L10 P3 ；调用子程序 L10，运行三次

七、辅助功能 M 代码

M 功能也称为辅助功能，用字母 M 及后面两位数字组成。使用 M 代码可以在机床上控制一些开关操作，比如"冷却液开/关"和其他的机床功能。常用的辅助功能有：

M00   程序暂停

M02，M30 　　　　　程序结束，停机

M03 　　　　　　　主轴顺时针旋转

M04 　　　　　　　主轴逆时针旋转

M05 　　　　　　　主轴停

M06 　　　　　　　换刀

M08 　　　　　　　打开切削液

M09 　　　　　　　关掉切削液

下面对这些 M 功能指令作详细说明。

（1）程序暂停（M00）　程序段中带 M00 时加工停止。按下加工启动键，程序可以继续往下运行。

（2）程序结束（M02，M30）　M02 和 M30 都是程序结束指令，但它们之间是有区别的。用 M02 结束程序，自动运行结束后光标停在程序结束处；而用 M30 结束程序，自动运行结束后光标和屏幕显示能自动返回到程序开头处，一按启动钮就可以再次运行程序。M02 一般用于单一零件的加工，而 M30 用于批量零件的加工。

（3）主轴顺时针旋转（M03）　程序里写有 M03 指令，主轴结合 S 功能，按给定的 S 转速，顺时针方向旋转。

（4）主轴逆时针旋转（M04）　程序里写有 M04 指令，主轴结合 S 功能，按给定的 S 转速，逆时针方向旋转。

（5）主轴停（M05）　程序里写有 M05 指令，M05 运行后，主轴旋转立即停止。

（6）换刀（M06）　M06 是手动或自动换刀指令，它不包括刀具选择功能，但兼有主轴停转和关闭切削液的功能，常用于加工中心换刀前的准备工作。

1）M06 代码与 T 代码一同起作用，当机床有刀库装置时，即可自动换上所需要的刀具。

2）在程序里写有 M06 代码，必须保证本程序段中有 T 刀号出现。程序中有刀补功能，计算机就结合刀具参数，对刀具进行补偿。

（7）打开切削液（M08）　M08 代码在本段程序开始执行，打开切削液。

（8）关掉切削液（M09）　M09 代码在本段程序执行完毕后，关掉切削液。

以下给出一个编程例子，说明 M 功能的使用方法：

N10 S1000

N20 X10 M03 G01 F100；在 X 轴运行之前主轴顺时针旋转

N30 M02；　　　　　　　程序结束

八、编程实例

编程实例 2-1（图 2-25）：

刀具：T01，选择 ϕ5mm 立铣刀。

说明：坯件在数控机床加工前已有深 5mm、宽 25mm、长 65mm 的槽，现在要将槽的周围精铣一遍。

P01

N0010 G01 Z-5 F8 T01 S10 M03

N0020 G42 G01 X20 Y15 M08

N0030 G02 X20 Y−15 I0 J−15

N0040 G01 X−20

N0050 G02 X−20 Y15 I0 J15

N0060 G01 X20

N0070 G40 X0 Y0 M09

N0080 Z5 M05

N0090 M02

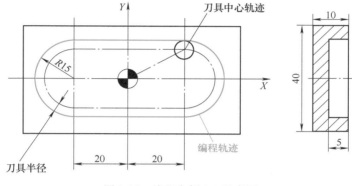

图 2-25　编程实例 2-1 示意图

编程实例 2-2（图 2-26）：

刀具：T02，选择 φ5mm 立铣刀。

说明：坯件上钻有两个 φ10mm 的孔，可以借助这两个孔用螺钉夹紧工件。铣零件四周，第一次铣削深度 3.5mm，第二次再进 3mm；用计算变量 R 编程，编一个主程序和一个子程序，主程序调用子程序两次，完成整个轮廓的加工。

主程序：P02

N0010 T02 M06 S12 M03

N0020 R1=−3.5 L50

N0030 R1=−6.5 L50

N0040 G00 Z10

N0050 M02

子程序：L50

N0010 G01 Z=R1 F6

N0020 G41 G01 X0 Y0 M08

N0030 Y20

N0040 G02 X60 Y20 I30 J0

N0050 G01 Y0

N0060 X45

N0070 G03 X15 Y0 I−15 J0

N0080 G01 X0 M09

N0090 G40 G01 X-10 Y-10

N0100 M02

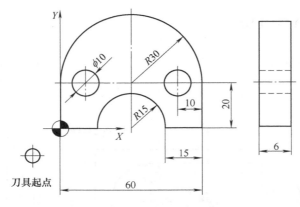

图 2-26 编程实例 2-2 示意图

编程实例 2-3：

用立铣刀铣图 2-27 中的 5 个 φ20mm 的圆，铣刀直径为 φ10mm。

程序如下：

主程序：P03

N0010 T01 S12 M03

N0020 L100

N0030 G00 X25 Y-25

N0040 L100

N0050 G00 X25 Y25

N0060 L100

N0070 G00 X-25 Y25

N0080 L100

N0090 G00 X-25 Y-25

N0100 L100

N0110 G00 X0 Y0 M09

N0120 Z100 M02

子程序：

N0010 L100

N0020 G01 Z-3 F6

N0030 G91 G42 G01 X10 Y0 M08

N0040 G02 X0 Y0 I-10 J0

N0050 G40 G01 X-10 Y0

N0060 G90 G00 Z2

N0070 M02

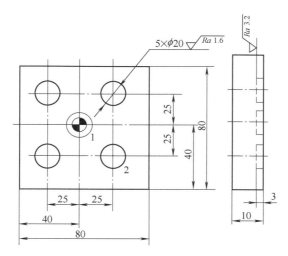

图 2-27　编程实例 2-3 示意图

第三节　数控车床的程序编制

数控车床是我国使用量最大、覆盖面最广的一种数控机床，约占数控机床总数的 25%。数控车床、车削中心，是一种高精度、高效率的自动化机床，主要用于加工各种回转表面和回转体的端面。如车削内外圆柱面、圆锥面、环槽及成形回转表面，车削端面及各种常用的螺纹，配有工艺装备还可加工各种特形面。在车床上还能钻孔、扩孔、铰孔、滚花等。具有直线插补、圆弧插补等各种补偿功能，并在复杂零件的批量生产中发挥了良好的作用。

数控车床分为立式数控车床和卧式数控车床两类。立式数控车床用于回转直径较大的盘类零件的车削加工，卧式数控车床则用于轴向尺寸较长或小型盘类零件的车削加工。

由于车削零件的径向尺寸，无论是测量尺寸还是图纸尺寸，都是以直径值来表示的，所以数控车床采用直径编程方式，即规定用绝对值编程时，X 为直径值；用相对值编程时，则以刀具径向实际位移量的二倍值为编程值。对于不同的数控车床、不同的数控系统，其编程基本上是相同的，个别有差异的地方，要参照具体机床的用户手册或编程手册。

一、数控车床的编程基础

1. 数控车削加工的主要对象

由于数控车床具有加工精度高、能做直线插补与圆弧插补的特点，因此最适合车削加工的零件类型有：

（1）精度要求高的回转零件　由于数控车床的刚性好，制造和对刀精度高，能方便和精确地进行人工补偿甚至自动补偿，所以它能够加工尺寸精度要求高的零件。

（2）表面质量要求高的零件　数控车床能加工出表面粗糙度值小的零件，不但是因为机床的刚性和制造精度高，还由于它具有恒线速度切削功能。在材质、精车余量和刀具已定的情况下，表面粗糙度取决于进给量和切削速度。在传统的车床上车削端面时，由于转速在切削过程中恒定，理论上只有某一直径处的粗糙度值最小，实际上也可发现端面内的粗糙度值不一致。使用数控车床的恒线速度切削功能，就可选用最佳线速度来切削端面，这样切出的粗糙度值既小又一致。

（3）表面形状复杂的回转体零件 由于数控车床具有直线和圆弧插补功能，部分车床数控装置还有某些非圆曲线插补功能，所以可以车削由任意直线和平面曲线组成的形状复杂的回转体零件和难以控制尺寸的零件，如具有封闭内成形面的壳体零件。

组成零件轮廓的曲线可以是数学方程式描述的曲线，也可以是列表曲线。对于由直线或圆弧组成的轮廓，直接利用机床的直线或圆弧插补功能。对于由非圆曲线组成的轮廓，可以用非圆曲线插补功能；若所选机床没有曲线插补功能，则应先用直线或圆弧去逼近，然后再用直线或圆弧插补功能进行插补切削。

2. 数控车床的主要功能

数控车床能加工回转类零件的端面、轴肩、内外圆柱面和圆锥面、曲面、沟槽、螺纹等形状，其主要功能见表2-7。

表 2-7　数控车床的主要功能

序号	功　能	内　　容
1	直线插补	（1）一般在 XOZ 平面 （2）可形成内外圆柱面、圆锥面、倒角
2	圆弧插补	（1）可形成圆弧面、倒圆、非圆曲线回转面 （2）一次插补，一次走刀
3	车削固定循环	（1）粗车、精车加工外圆 （2）粗车、精车加工内孔 （3）粗车、精车加工端面 （4）粗车、精车加工槽 （5）车螺纹
4	恒线速度车削	（1）通过控制主轴转速保持切削点处的切削速度恒定，可获得一致的加工表面 （2）必须限定加工时主轴最高转速
5	刀具补偿	（1）刀具位置补偿：可分别在 X、Z 方向进行位置补偿，主要用于刀具磨损 （2）刀具半径补偿：用于圆弧车刀车削以及刀尖圆弧半径补偿

3. 数控车床程序编制特点

1）在一个程序段中，根据图样上标注的尺寸，可以采用绝对值编程、增量值编程或二者混合编程。使用坐标地址 X、Z 时为绝对值编程方式，使用坐标地址 U、W 时为增量值编程方式。

2）由于被加工零件的径向尺寸在图样上和测量时，都是以直径值表示的，所以直径方向用绝对值编程时，X 以直径值表示，用增量值编程时，以径向实际位移量的二倍值表示，并附上方向符号（正向可以省略）。

3）由于车削加工常用棒料或锻料作为毛坯，加工余量较大，所以为简化编程，数控装置常具备不同形式的固定循环，可进行多次重复循环切削。

4）编程时，常认为车刀刀尖是一个点，而实际上为了提高刀具寿命和工件表面质量，车刀刀尖常磨成一个半径不大的圆弧，因此为提高工件的加工精度，当编制圆头刀程序时，需要对刀具半径进行补偿。大多数数控车床都具有刀具半径自动补偿功能（G41、G42），这类数控车床可直接按工件轮廓尺寸编程。

4. 数控车床的工件坐标系

在本章第一节内容中，已经介绍了机床坐标系与工件坐标系确定的原则。为了方便，数控车床工件坐标系原点一般设在工件右端面的轴心上，工件直径方向为 X 轴，工件轴线方向为 Z 轴，刀具远离工件的方向为正方向，如图 2-28 所示。

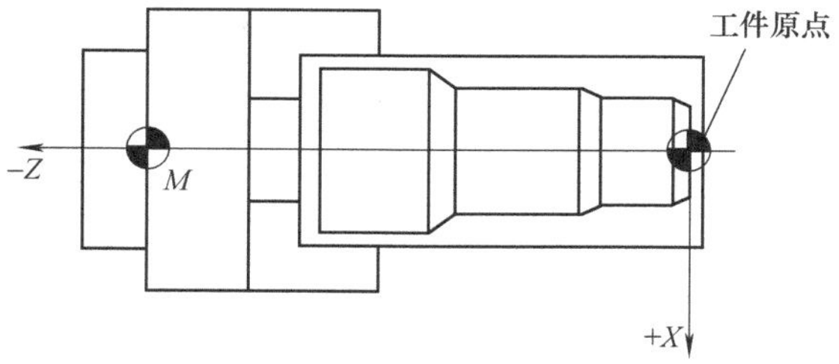

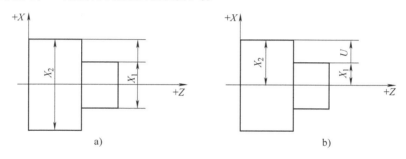

图 2-28　工件坐标系

5. 直径编程和半径编程

在数控车床中，有两种编程方式，即直径编程和半径编程。编程方式可以通过系统参数进行设置。所谓直径编程指 X 轴上有关尺寸为直径值，半径编程时则为半径值，如图 2-29 所示。为方便起见，一般都采用直径编程方式。

a)

b)

图 2-29　直径编程与半径编程

a）直径编程　b）半径编程

如图 2-30 所示，各点的坐标值直接用直径值表示：

P1：X25 Z-7.5

P2：X40 Z-15

P3：X40 Z-25

P4：X60 Z-35

可以通过模态有效的指令 DIAMON 和 DIAMOF 激活通道专用的直径或半径编程，以便使 NC 程序直接采用技术图样上的尺寸数据，而无需换算。指令形式为：

DIAMON：直径量方式

DIAMOF：半径量方式

编程示例 2-15：

N10 G00 X0 Z0；　　　　　　运行到起点

N20 DIAMOF；　　　　　　　直径编程关闭

N30 G01 X30 S2000 M03 F0.7；　半径编程有效，运行至半径位置 X30

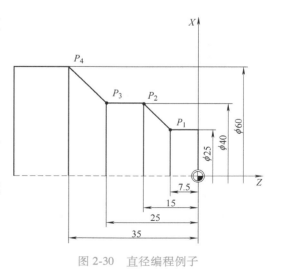

图 2-30　直径编程例子

N40 DIAMON；　　　　　　　　　直径编程对于端面轴有效

N50 G01 X70 Z-20；　　　　　　运行到直径位置 X70 和 Z-20

N60 Z-30

N70 M30；　　　　　　　　　　程序结束

6. 绝对坐标与增量坐标

如同数控铣床编程，刀具位置坐标通常有两种表示方式：一种是绝对坐标，另一种是增量（相对）坐标，可以通过 G90（绝对坐标）、G91（增量坐标）指令进行设置。数控车床编程时，可采用绝对坐标编程、增量坐标编程或者两者混合编程。

根据 G90 或 G91，通过地址 X、Y、Z、C 写入绝对坐标轴位置，通过 U、V、W、H 写入增量坐标轴位置。

（1）绝对坐标　绝对坐标是指刀具（或机床）的位置坐标值都是以固定的坐标原点（工件坐标系原点）为基准计算的，此坐标系称为绝对坐标系。

（2）增量坐标　增量值又称为相对值，它是相对于前一位置实际移动的距离，方向与机械坐标系相同。

如图 2-31 所示的零件，用三种编程方法描述终点 B 的坐标值分别为：

绝对坐标：　　　X70.0 Z40.0

增量坐标：　　　U40.0 W-60.0

混合编程坐标：X70.0 W-60.0

　　　或　U40.0 Z40.0

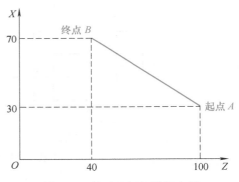

图 2-31　绝对坐标与增量坐标

二、基本编程指令

1. 快速定位指令（G00）

（1）指令功能　快速定位，用于不接触工件的走刀和远离工件走刀时。

（2）编程格式与说明

编程格式：

G00 X __ Z __；

其中，X、Z 表示走刀的终点坐标，如图 2-32 所示。定位时每个轴以各自预设的快速移动速度单独运行。由于在 G00 定位时轴单独运行（没有插补），因而每个轴在不同时间到达终点。

通过置位机床数据也可以设置 G00 为线性插补方式运动。此时，所有编程的轴都以带线性插补的快速运行方式运行，并同时到达目标位置。

2. 直线插补指令（C01）

（1）指令功能　车削工件时，刀具按照指

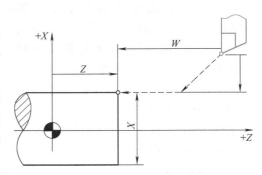

图 2-32　带有两个未插补轴的快速运行

定的坐标和速度，以任意斜率由起始点移动到终点位置做直线运动。

（2）编程格式与说明

编程格式：

G01 X __ Z __ F __；

其中，X、Z 是终点（目标点）坐标，如图 2-33 所示；F 是进给速度，即走刀速度，为模态码。

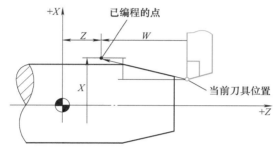

图 2-33　线性插补

编程示例 2-16：

如图 2-34 所示，编制相应程序。根据图形，首先找出加工中所需要走到的点：

起刀点（200，200）

A（13，0）

B（13，−13）

C（18，−15）

D（18，−29）

E（22，−31）

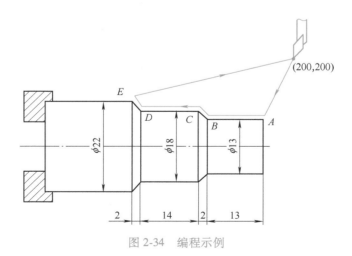

图 2-34　编程示例

由确定的坐标点编制程序：

N0010 G01 X13 Z0 F100；起刀点→A，由起刀点到接触工件，走刀速度 100mm/min

N0020 G01 X13 Z−13；　　A→B，加工直径 13 的部分

N0030 G01 X18 Z-15；　　　$B \to C$，走斜线

N0040 G01 X18 Z-29；　　　$C \to D$，加工直径18的部分

N0050 G01 X22 Z-31；　　　$D \to E$，走斜线

N0060 G00 X200 Z200；　　$E \to$起刀点，快速退刀

N0070 M02；　　　　　　　程序结束

3. 圆弧插补指令（G02、G03）

（1）指令功能　圆弧指令命令刀具在指定的平面内按给定的速度F做圆弧运动，车削出圆弧轮廓。圆弧分为顺时针圆弧和逆时针圆弧，与走刀方向、刀架位置有关，如图2-35所示。

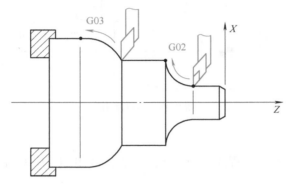

图 2-35　圆弧插补指令刀具走刀示意图

（2）编程格式与说明

编程格式：

G02 X(U)__ Z(W)__ I __ K __(R __)F __；顺时针圆弧

G03 X(U)__ Z(W)__ I __ K __(R __)F __；逆时针圆弧

各参数的含义如表2-8及图2-36所示。

表 2-8　圆弧插补的指令

元　素	指　令	说　　明
车削方向	G02	顺时针方向
	G03	逆时针方向
终点位置	X(U)	圆弧终点的X坐标（径向值）
	Z(W)	圆弧终点的Z坐标
起点到中心点的距离	I	在X轴方向上圆弧起点与中心点的间距
	K	在Z轴方向上圆弧起点与中心点的间距
圆弧半径	R	起点与圆弧中心点的距离

圆弧顺逆的判断：圆弧指令分为顺时针指令（G02）和逆时针指令（G03），圆弧的顺逆和刀架的前置或后置有关，如图2-37所示。

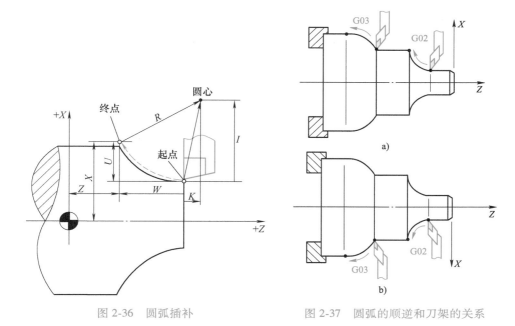

图 2-36 圆弧插补　　　　　　图 2-37 圆弧的顺逆和刀架的关系

图 2-38 所示为用简单的组坐标方式表示圆弧的顺逆判别。

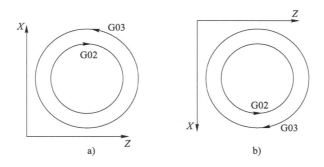

图 2-38 用组坐标方式表示圆弧的顺逆判别

编程示例 2-17：如图 2-39 所示，编写出完整的程序。

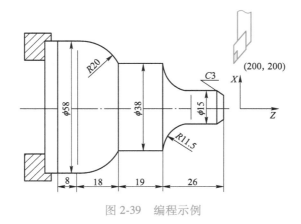

图 2-39 编程示例

车削加工程序如下：

N010	M03 S800	主轴正转，800r/min
N020	T0101	换 1 号外圆车刀
N030	G94	指定进给速度 F 的单位为 mm/min
N040	G00 X62 Z0	快速定位工件端面上方
N050	G01 X0 Z0 F100	做端面，走刀速度 100mm/min
N060	G00 X5 Z2	快速定位至倒角的延长线上
N070	G01 X15 Z-3 F100	直接做倒角，车削到工件 φ15 的右端
N080	G01 X15 Z-14.5	车削工件 φ15 的部分
N090	G02 X38 Z-26 R11.5	车削 R11.5 的圆弧
N100	G01 X38 Z-45	车削工件 φ38 的部分
N110	G03 X58 Z-63 R20	车削 R20 的圆弧
N120	G01 X58 Z-71	车削工件 φ58 的部分
N130	G00 X200 Z200	快速退刀
N140	M05	主轴停
N150	M30	程序结束

三、恒线速度切削（G96，G97）

（1）指令功能　在主轴转速一定时加工锥面或端面，因外径大小不一，所以切削速度产生变化，引起粗糙度变化。若零件要求锥面或端面的粗糙度一致，则必须用恒线速度功能 G96 来进行切削。

（2）编程格式与说明

编程格式：

1）恒线速度指令：　　　　G96 S __；S 指定线速度（m/min）

2）恒线速度撤销指令：　G97 S __；S 指定转速（r/min）

3）主轴最高限速指令：　LIMS＝〈值〉；〈值〉为指定转速值（r/min）

"恒定切削速度"功能激活时，主轴转速会根据相关的工件直径不断发生改变，使得切削刃上的切削速度 S（单位为 m/min 或 ft/min）保持恒定，如图 2-40 所示。该切削方式的优点为：

1）均匀地旋转，从而达到更好的表面质量。

2）加工时保护刀具。

当 S __ 和 G96 一起编程时，它会被视为切削速度，而不是主轴转速，单位为 m/min。

G97 取消恒定切削速度，G97 后 S __ 重新被视为主轴转速，单位为 r/min。如果没有设定新的主轴转速，则保留最后用 G96 达到的转速。

如果需要加工直径变化很大的工件，建议使用

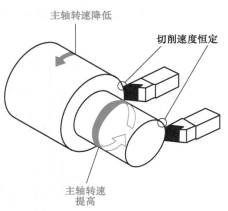

图 2-40　恒线速度切削

LIMS 给主轴设置一个转速限值（最大主轴转速），这样就可以防止在加工较小直径时出现过高转速。LIMS 仅在 G96 和 G97 激活时生效。

主轴转速与切削速度的关系为：

$$v_{\mathrm{c}} = \frac{\pi d n}{1000}$$

式中，d 为工件直径（mm）；n 为主轴转速（r/min）；v_{c} 为切削速度（m/min）。

编程示例 2-18：

N10 G96 S100 LIMS=2500；恒定切削速度为 100m/min，最大转速为 2500r/min

四、螺纹车削（G33）

螺纹是在圆柱或圆锥母体表面上制出的螺旋线形的、具有特定截面的连续凸起部分。螺纹按其母体形状分为圆柱螺纹和锥螺纹；按其在母体所处位置分为外螺纹和内螺纹；按其截面形状（牙型）分为三角形螺纹、矩形螺纹、梯形螺纹、锯齿形螺纹及其他特殊形状螺纹；按螺旋线方向分为左旋螺纹和右旋螺纹，一般用右旋螺纹；按螺旋线的数量分为单线螺纹、双线螺纹及多线螺纹；按牙的大小分为粗牙螺纹和细牙螺纹等。

（1）指令功能　实现恒定螺距的螺纹切削（G33）。如图 2-41 所示，可以加工圆柱螺纹和圆锥螺纹。

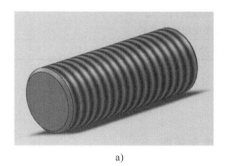
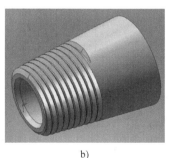

a)　　　　　　　　　　　　b)

图 2-41　加工的螺纹类型

a）圆柱螺纹　b）圆锥螺纹

对于多线螺纹的车削，可以给定起点偏移来生成多线螺纹（带有偏移切口的螺纹），如图 2-42 所示。

螺纹的旋转方向由主轴的旋转方向确定：

1）顺时针运行使用 M03 生成右旋螺纹。

2）逆时针运行使用 M04 生成左旋螺纹。

（2）编程格式与说明　恒定螺距的螺纹切削 G33 指令各参数的含义见表 2-9。需要说明的是，使用 G33 螺纹切削时，进刀控制系统根据编程的主轴转速和螺纹螺距计算出必要的进给率。车刀按此进给率在纵向和/或正面方向穿过螺纹长度。进给率 F 不能用于 G33，如图 2-43 所示。

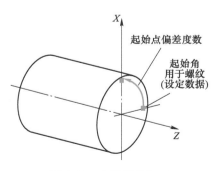

图 2-42　多线螺纹加工

表2-9　G33 指令参数的含义

G33	带恒定螺距的螺纹切削指令	
X __ Y __ Z __	以直角坐标给定终点	
I __	X 方向的螺距	
J __	Y 方向的螺距	
K __	Z 方向的螺距	
Z	纵向轴	
X	端面轴	
Z __ K __	圆柱螺纹的螺纹长度和螺距	
X __ I __	平面螺纹的螺纹直径和螺距	
I __ 或者 K __	圆锥螺纹的螺距 数据（I __ 或 K __）取决于圆锥角度	
	圆锥角度<45°	通过 K __ 给定螺距（纵向螺距）
	圆锥角度>45°	通过 I __ 给定螺距（横向螺距）
	圆锥角度 = 45°	螺距可以通过 I __ 或 K __ 给定
SF = __	起点偏移（仅用于多线螺纹）； 起点偏移被作为绝对角度位置给定	
	取值范围：0.0000 至 359.999 度	

1）圆柱螺纹编程格式。

G33 Z __ K __

G33 Z __ K __ SF = __

圆柱螺纹主要参数（图2-44）为螺纹长度和螺距。

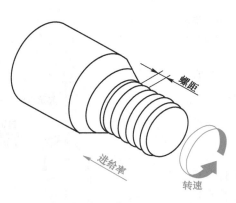

图2-43　螺纹车削时的进给率

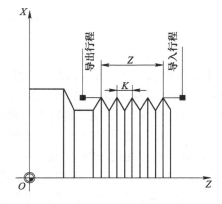

图2-44　圆柱螺纹参数

螺纹长度用一个直角坐标 Z 以绝对尺寸或相对尺寸来输入。在地址 K 中输入螺距。进给加速或减速时，导入行程和导出行程必须留有余量。

编程示例2-19：如图2-45所示，带有180°起点偏移的双线柱状螺纹车削编程。

程序代码：

N10 G01 X99 Z10 S500 F100 M03；零点偏移，回到起点，进刀 0.5mm，激活主轴。

N20 G33 Z-100 K4；圆柱螺纹：在 Z 上的终点

N30 G00 X102；回到起始位置

N40 G00 Z10

N50 G01 X99

N60 G33 Z-100 K4 SF=180；第二次切削：起点偏移 180°

N70 G00 X110；退刀

N80 G00 Z10

N90 M30；程序结束

2）圆锥螺纹编程格式。

G33 X __ Z __ K __

G33 X __ Z __ K __ SF=__

G33 X __ Z __ I __

G33 X __ Z __ I __ SF=__

圆锥螺纹主要参数（图 2-46）为纵向和横向上的终点（圆锥轮廓）；螺距。

在直角坐标 X、Y、Z 中以绝对尺寸或相对尺寸输入圆锥轮廓，在车床上加工时优先在 X 方向和 Z 方向。进给加速或减速时，导入行程和导出行程必须留有余量。

螺距参数由圆锥角来决定，即纵向轴与圆锥表面之间的角度（图 2-46）。

编程示例 2-20： 如图 2-47 所示，带有小于 45°角的圆锥螺纹车削编程。

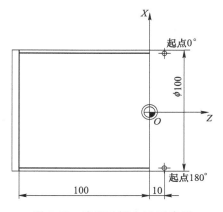

图 2-45　编程示例 2-19 示意图

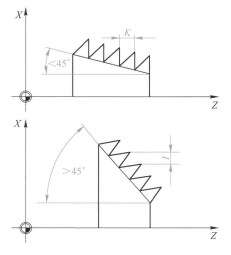

图 2-46　圆锥螺纹螺距参数说明

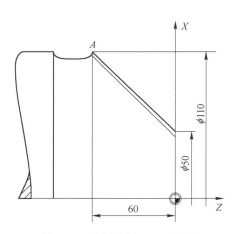

图 2-47　编程示例 2-20 示意图

程序代码：

N10 G01 X50 Z0 S500 F100 M03；回到起点，激活主轴。

N20 G33 X110 Z-60 K4；　　　　圆锥螺纹：X 和 Z 上的终点，使用"K __"在 Z 方向上给定的螺距（因为圆锥角度小于 45°）

N30 G00 Z0 M30；　　　　　　　退刀，程序结束

五、车削循环指令（CYCLE95）

由于车削加工常用圆棒料或锻料作为毛坯，加工余量较大，要加工到图样标注尺寸，需要一层层切削，如果每层加工都编写程序，编程工作量将大大增加。为简化编程，数控系统有不同形式的循环功能，可进行多次重复循环切削。使用粗车削循环，可以进行图 2-48 所示的轮廓切削。

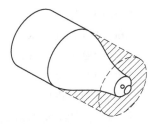

图 2-48　CYCLE95 循环

在车削循环调用之前所定义的加工平面，通常涉及的是 G18（ZX 平面）。当前平面的两根轴分别被命名为纵向轴（该平面的第一根轴）和平面轴（该平面的第二根轴），如图 2-49 所示。

1. 指令功能

使用车削循环 CYCLE95，可在坐标轴平行方向加工由子程序编程的轮廓，可进行纵向和横向加工，也可进行内外轮廓加工。调用循环之前，必须在所调用的程序中先激活刀具补偿参数。工艺可选择粗加工、精加工、综合加工。在精加工中自动调用刀具半径补偿。

2. 编程格式与说明

编程格式：

CYCLE95（NPP, MID, FALZ, FALX, FAL, FF1, FF2, FF3, VARI, DT, DAM, _VRT）

可以根据设计和需要，选择使用不同的参数并赋

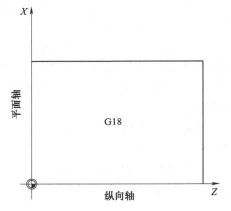

图 2-49　纵向轴与平面轴的定义

值，以实现目标加工。在手工编程输入时，有些参数可以用零值或空格表示，但不能省略。CYCLE95 参数的含义见表 2-10。

表 2-10　CYCLE95 参数的含义

参数	数据类型	含　义
NPP	字符串	轮廓子程序名
MID	实数	进刀深度（不输入符号）
FALZ	实数	纵向轴中精加工余量（不输入符号）
FALX	实数	平面轴中精加工余量（不输入符号）
FAL	实数	与轮廓相符的精加工余量（不输入符号）
FF1	实数	粗加工进给，无底切
FF2	实数	在底切时插入进给

（续）

参数	数据类型	含　义
FF3	实数	精加工进给
VARI	整数	加工方式 范围值：1 __ 12，201 __ 212 百位： 值： 0：在轮廓上带有拉削 没有余角，在轮廓上进行叠加拉削。这意味着，越过多个切削点进行拉削 2：在轮廓上不带拉削 拉削一直到先前的切削点，然后退刀。根据刀具半径和进刀深度（MID）的比例，此时可能会有余角
DT	实数	粗加工时用于断屑的停留时间
DAM	实数	位移长度，每次粗加工切削断屑时均中断该长度
_VRT	实数	粗加工时从轮廓的退刀位移，增量（不输入符号）

各参数的说明如下：

（1）NPP 参数——轮廓子程序名称　CYCLE95 的毛坯切削循环，是依据一个具体的工件轮廓执行的。没有轮廓指定，刀具不确定以什么样的路径行走，也就无法循环。NPP 参数即是定义了轮廓外形的子程序名称（在参数赋值时，须加上“”符号）。所谓定义，就是用编程指令将需要实现的目标形状表达出来。

这个子程序和一般程序是有差别的，它不需要辅助指令，不用设置工件转速、刀具刀补等参数，也无需考虑吃刀量、进给速度等因素，因为这些参数均已在主程序和 CYCLE95 中设置了。而且这个轮廓只能由直线或圆弧组成（可插入圆角和倒角），即只能用 G00、G01、G02、G03 等指令进行表达，如果使用了其他的 G 指令，则会发生错误。

因为指令和功能上的限制，这个轮廓子程序本身是无法执行毛坯切削的。因此，从形式上看，这个子程序更像是用 G 指令进行的纯粹的形状描述。

（2）MID——进刀深度　这个参数用来定义粗加工循环时最大允许的进给深度。该参数给出了最大可能的进刀深度，但当前粗加工中所有实际进刀深度由循环自动计算得到。所需的粗加工步数由总深度和将总深度平均分配的切削深度来决定，如图 2-50 所示。

由图 2-50 可见，当 MID = 5 时，加工步骤 1 的总深度是 39mm，因此，需要八次走刀，每次切削深度为 4.875mm；在加工步骤 2 时，需要八次走刀，每次切削深度是 4.5mm（总深度是 36mm）；在加工步骤 3 时，进行两次粗加工，每次切削深度是 3.5mm（总深度是 7mm）。

（3）FAL、FALZ 和 FALX——精加工余量　在粗加工设计时，保留一定的精加工余量是必需的。使用参数 FALZ 和 FALX 可分别定义沿 Z 轴、X 轴方向上的精加工余量，使用参数 FAL 可定义所有轮廓方向上的精加工余量。如果工件轮廓是完全由垂直或水平的直线组成的台阶轴时，可以不考虑

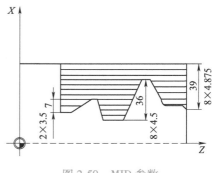

图 2-50　MID 参数

FAL 这一参数。但在工件中有斜线、圆弧时，为保证斜线段垂向、圆弧段径向的精加工余量，可设这一参数。在一般的工件加工中，（FALZ、FALX）和 FAL 这两组参数，只设一组，留有一定的余量即可。设置了 FALZ 和 FALX 后，无需再设定 FAL 值。如果不设 FAL 值，则 FALZ 与 FALX 这两个参数要同时设置，设为相同即可，不能只设其中一个，否则会发生错误。

（4）FF1、FF2 和 FF3——用于定义各加工步骤的进给率　FF1 表示刀具在直线切削时的进给速度。FF2 表示进入凹凸切削时的进给率。因为进入工件的凹凸切削环节时，纵向与横向要同时进刀，综合吃刀量会相应增大，为保证加工质量和保护刀具，需降低进给速度。FF3 表示精加工时的进给率。FF3 值越小，要求精度越高。FF1、FF2 和 FF3 参数如图 2-51 所示。

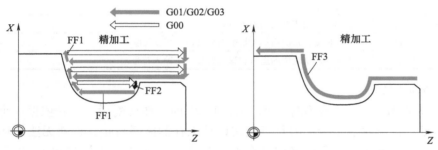

图 2-51　FF1、FF2 和 FF3 参数

需要注意的是，FF1、FF2、FF3 进给率与主程序开头辅助参数中选择的进给方式有关：如果是 G95，则相应的值为每转进给量；如果是 G94，则对应的是每分钟的进给量。

（5）VARI——加工类型（范围值：1~12）　这个参数反映的是毛坯循环时采用的加工类型，是纵向还是平面，是内部还是外部，是粗加工还是精加工，或者是综合加工。加工类型共有 12 种组合，见表 2-11。

表 2-11　加工类型

值	加　　工	选　　择	选　　择
1/201	粗加工	纵向	外部
2/202	粗加工	平面	外部
3/203	粗加工	纵向	内部
4/204	粗加工	平面	内部
5/205	精加工	纵向	外部
6/206	精加工	平面	外部
7/207	精加工	纵向	内部
8/208	精加工	平面	内部
9/209	综合加工	纵向	外部
10/210	综合加工	平面	外部
11/211	综合加工	纵向	内部
12/212	综合加工	平面	内部

这里要注意，加工方式与参数设置是严格相关的。比如选用综合加工，因为有精加工工序，则 FALZ，FALX，FF1、FF2、FF3 等参数必须赋值；如果选用精加工循环（前提是已完成粗加工），则只需设置一个 FF3。

（6）DT 和 DAM——停留时间和位移长度　借助于这两个参数，可以在进行特定的行程后，实现中断每个粗加工走刀，以达到断屑的目的。这两个参数仅对于粗加工有意义。在参数 DAM 中定义最大行程，在进行该行程后要求进行断屑。为此，在 DT 中可以编程一个在每个走刀中断点上执行的停留时间，如图 2-52 所示。

（7）_VRT——退刀位移　退刀行程，即刀具在粗加工中，每车削完一层后，在 X 向与 Z 向同时退回_VRT 的距离。如果不赋值或设为 0 值，则默认退刀量为 1mm。一般情况下，维持默认值即可。

编程示例 2-21：

使用车削循环 CYCLE95 进行纵向外部加工，如图 2-53 所示。轴专用精加工余量已定义，切削在粗加工时不会中断。最大的进给量为 5mm，Z 轴精加工余量为 1.2mm，X 轴精加工余量为 0.6mm，精加工轮廓存储在单独的程序中。

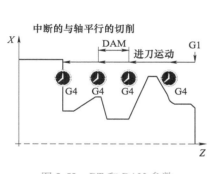

图 2-52　DT 和 DAM 参数

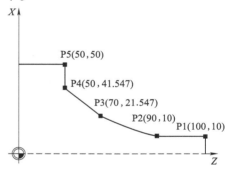

图 2-53　编程示例 2-21 示意图

N10 T1 D1 G00 G95 S500 M03 Z125 X81；调用前的接近位置，选刀具 T1 并激活刀具补偿 D1

N20 CYCLE95（"KONTUR_1"，5，1.2，0.6，0，0.2，0.1，0.2，1，0，0，0.5）；

循环调用参数：进刀深度 MID＝5，精加工余量 FALZ＝1.2，FALX＝0.6，FAL＝0，进给率 FF1＝0.2，FF2＝0.1，FF3＝0.2，加工类型 VARI＝1（粗加工/纵向/外部），停留时间 DT＝0，位移长度 DAM＝0，退刀位移_VRT＝0.5

N30 G00 G90 X81；　　　重新回到起始位置

N40 Z125；　　　　　　轴进给

N50 M30；　　　　　　　程序结束

KONTURE_1. SPF；　　　启动轮廓子程序

N100 G01 Z100 X20

N110 Z90

N120 X43. 094 Z70

N130 X83. 094 Z50

N140 X100 Z50

N150 M02；　　　　　　子程序结束

六、编程实例

编程实例 2-4：车削加工图 2-54 所示的锥度轴零件。

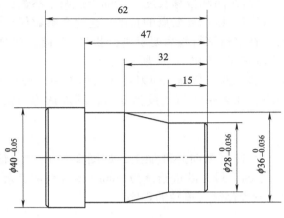

图 2-54 编程实例 2-4 示意图

毛坯直径选用 ϕ42mm。走刀路线的确定：根据零件的精度要求，用三爪卡盘一次装夹，分两次走刀，即粗、精车削，可达到图样要求。加工步骤如下：车端面→各外圆粗车加工→各外圆精车加工→切断。

加工过程见表 2-12。

表 2-12 加工过程

工步	工步内容	工步示意图	说　　明
1	端面切削		用 G01 指令切削
2	外圆粗车循环切削		用 CYCLE95 指令切削留 0.5mm 的精车余量
3	外圆精车		
4	用切断刀切断工件		用 G01 指令切削，切断刀宽度为 4mm

在 XZ 平面内确定，以工件右端面轴心线上点为工件原点和对刀点，建立工件坐标系。换刀点设置在工件以外（X100，Z150）处，如图 2-55 所示。

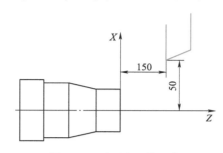

图 2-55　对刀点、换刀点

程序代码：

A1. MPF；	程序名
N0010 G54 G94；	设定工件坐标系，进给单位为 mm/min
N0020 T1 D1；	换 1 号刀-90°粗车刀并调入 1 号刀偏值
N0030 M03 S800；	主轴在高速档位正转，转速为 800r/min
N0040 G00 X45 Z0；	快速移动到加工起点
N0050 G01 X0 F150；	以 150mm/min 的进给速度进行端面加工
N0060 G42 G00 X45 Z3；	快速退刀到安全点，加刀尖半径右补偿
N0070 Z0；	移动到循环起始点
N0080 CYCLE95（"B1"，3，0.02，0.1，0，150，60，60，9，0，0，0）；毛坯切削循环	
N0090 G00 X100；	
N0100 Z150；	快速返回到换刀点
N0110 T2 D1；	换 2 号刀并调入 1 号刀偏值
N0120 M03 S800；	主轴在高速档位正转，转速为 800r/min
N0130 G42 G00 X45 Z0；	快速移动到加工起点，加刀尖半径右补偿
N0140 B1；	调用外圆精车子程序
N0150 G40；	取消刀尖半径补偿
N0160 G00 X100	
N0170 Z150；	快速返回到换刀点
N0180 T3 D1；	换 3 号刀：切断刀并调入 1 号刀偏值
N0190 M03 S450；	主轴正转，转速为 450r/min
N0200 G00 X45 Z-62	
N0210 G01 X35 F30	
N0220 G01 X40	
N0230 G01 Z-61	
N0240 G01 X38 Z-62	
N0250 G01 X0.3	
N0260 G00 X100	

49

N0270 Z100

N0280 M30;　　　　　　　　程序结束，主轴停转

B1. SPF;　　　　　　　　　轮廓子程序名

N0010 G01 X26;　　　　　　精加工轮廓第一个坐标点

N0020 G01 X28 Z−1

N0030 G01 Z−15

N0040 X36 Z−32

N0050 Z−47

N0060 X40

N0070 Z−65

N0080 M02;　　　　　　　　子程序结束

编程实例 2-5：车削加工图 2-56 所示的圆弧轴零件。

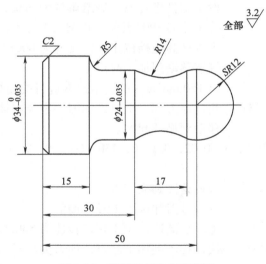

图 2-56　编程实例 2-5 示意图

根据零件的精度要求，用三爪卡盘一次装夹，分两次走刀，即粗、精车削，可达到图样要求。加工步骤如下：车端面→各外圆粗车加工→各外圆精车加工→ 切断。

加工过程见表 2-13。

表 2-13　加工过程

工步号	工步内容	工步图	工步说明
1	端面车削		用 G01 指令切削

（续）

工步号	工步内容	工步图	工步说明
2	外圆粗车循环切削		用 CYCLE95 指令切削，留 0.5mm 的精车余量
3	外圆精车循环切削		用调用子程序进行加工，达到尺寸要求
4	用切断刀切断工件		用 G01 指令切削。切断刀宽度为 4mm

如图 2-57 所示，在 XZ 平面内确定，以工件右端面轴心线上点为工件原点和对刀点，建立工件坐标系。换刀点设置在工件以外（X100，Z150）处。

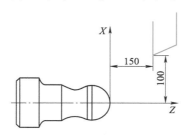

图 2-57　对刀点、换刀点

程序代码：

```
N0010 G94 G00 X100 Z150;        换刀参考点
N0020 T1 D1;                    换 1 号刀
N0030 M03 S800;                 启动主轴
N0040 G00 X38 Z0.1;             快速定位至（38，0.1）点
N0050 G01 X-1 F50;              车端面
N0060 G00 X35 Z2;               快速定位至（35，2）点，外圆循环起点
N0070 CYCLE95（"B2"，3，0.02，0.5，，150，60，60，9，，，0）；毛坯切削循环
N0080 G00 X100 Z150;            快速返回换刀点
N0090 T2 D1;                    换 2 号刀：切断刀并调入 1 号刀偏值
N0100 M03 S800;                 主轴在高速挡位正转，转速为 800r/min
N0110 G42 G00 X35 Z2;           快速移动到加工起点，加刀尖半径右补偿
N0120 B2;                       外圆精车子程序
```

51

N0130 G00 X100 Z150；　　　　快速返回到换刀点

N0140 T3 D1

N0150 M03 S600

N0160 G00 X35 Z-63；

N0170 G01 X30 F50；

N0180 G00 X35；

N0190 G00 Z-61；

N0200 G01 X34；

N0210 X30 W-2；　　　　倒角

N0220 G01 X0；　　　　切断

N0230 G00 X100；

N0240 Z150；

N0250 M30；　　　　结束

B2. SPF；　　　　轮廓子程序名

N0010 G00 G41 X0；

N0020 G01 Z0 F100；

N0030 G03 X24 Z-12 R12 F50；

N0040 G01 Z-42；

N0050 G02 X34 Z-47 R5；

N0060 G01 G40 Z-70

N0070 G01 X36；　　　　精加工轮廓最后一个坐标

N0080 M02；　　　　子程序结束

第四节　自动加工技术

一、概述

CAD/CAM 是计算机辅助设计（Computer Aided Design）和计算机辅助制造（Computer Aided Manufacturing）的简称。CAD 主要解决设计问题，CAM 则是以 CAD 中建立的零件模型为基础，进一步设定工艺参数，自动生成 NC 代码，通过数控机床加工零件，完成传统机床难以达到的高难度、高精度、高质量的加工。

目前，世界上较为常见的 CAD/CAM 有 Cimatron、Greo、UG、CATIA 等，它们广泛应用于电子、通信、机械、模具、工业设计、汽车、自行车、航天、家电、玩具等各个行业。其中 CATIA 是法国达索系统公司开发的集 CAD/CAM 于一体化的软件。该软件提供了一个从设计到制造的集成化数字环境，能够满足用户从设计到制造的各种需求；同时具有良好的开放性，提供所需的公共数据转换接口，运用不同的数据结构形式与相关软件进行数据交换。它的集成化解决方案覆盖所有的产品设计和制造领域，满足了工业领域各类大、中、小型企业的需求。本章就以 CATIA 软件为基础，详细分析 CAD/CAM 软件在产品数控加工中的应用。

二、CATIA 数控加工过程

在数控机床上加工零件，首先要编制零件的加工程序，而数控编程的主要任务就是计算加工过程中的刀位点。针对不同的零件结构、加工表面形状和加工精度要求，CATIA 提供了多种类型、适用于各种复杂零件的粗精加工方法。对于不同的加工类型，CATIA 的数控加工过程必须经过建立零件模型、加工工艺分析、设置加工参数、生成刀具轨迹、检验刀具轨迹、生成数控程序和驱动数控机床加工七个步骤。其工作流程如图 2-58 所示。

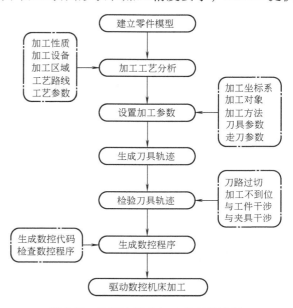

图 2-58　CATIA 数控加工的工作流程

1. 建立零件模型

CAD 中建立的零件模型是 CAM 的前提和基础，CATIA 数控加工必须有 CAD 模型作为加工对象。用户可以在 CATIA 的零件设计和曲面设计模块中建立所需的零件模型，然后切换到相应的数控加工模块中。用户也可以将其他 CAD 软件建立的零件模型转化为公共的数据格式，再导入 CATIA 并获得零件模型。

2. 加工工艺分析

加工工艺分析在很大程度上决定了数控加工的质量，主要包括确定加工性质、加工设备、加工区域、工艺路线和使用刀具、主轴转速、切削用量等工艺参数。

（1）加工性质和加工设备的确定　通过对模型的分析，确定工件的哪些部位适宜在哪种数控机床上加工。例如，回转体零件可以在数控车床上加工；复杂曲面零件可以在数控铣床上加工；尖角和细小的肋条等部位应使用线切割或电火花机床加工。

（2）加工区域的划分　根据零件的形状特征、功能特征以及精度、表面粗糙度等要求将加工对象划分成若干个加工区域，以进一步提高加工效率和加工质量。

（3）工艺路线的规划　合理规划粗加工、半精加工、精加工的加工流程，分配加工余量。

（4）工艺参数的确定　包括使用刀具、主轴转速、切削用量、切削方式的选择。

3. 设置加工参数

加工参数的设置是对工艺分析的具体实施。它是运用 CATIA 进行数控加工的具体操作内容，将直接影响数控加工的质量。加工参数的设置主要包括以下几方面：

（1）设置加工坐标系　根据生产实际在工件上设置合理的工件坐标系，数控加工中的刀位点坐标均以此工件坐标系为参照进行计算。

（2）设置加工对象　用户通过交互手段选择被加工的区域、毛坯和避让区域。

（3）设置加工方法　根据 CATIA 提供的加工方案结合具体加工区域和先粗后精的工艺规则合理设置加工方法。

（4）设置刀具参数　针对不同的加工工序选择合适的刀具，并设置相应的主轴转速、切削用量、切削液开关等。

（5）设置走刀参数　设置合理的进退刀位置和方式、安全高度、切削用量、行间距、加工余量等参数。

4. 生成刀具轨迹

在完成加工参数的设置后，CATIA将自动进行刀具轨迹的计算。

5. 检验刀具轨迹

为了确保数控程序的正确性，必须对生成的刀具轨迹进行校验。检查刀具轨迹是否有过切或加工不到位，同时检查是否产生与工件和夹具的干涉。对于检查中发现的问题，应及时调整加工参数，再重新进行计算和校验，直到准确无误为止。

6. 生成数控程序

将生成的刀具轨迹以规定的格式转换为通用的数控代码并输出保存，进一步检查数控程序，特别是程序首尾部分的语句，使其适应实际生产中数控机床的需要。

7. 驱动数控机床加工

通过传输软件将数控程序传送到数控机床的控制器上，由控制器按照数控程序驱动机床，加工出合格的产品。

三、电吹风罩壳模具的 CATIA 制造

1. 电吹风罩壳模具的设计

图 2-59 所示的电吹风罩壳是由一系列复杂的空间曲面构成的，特别是手柄和吹嘴必须符合人的手形和流量原理，这些曲面是由不同曲率的空间曲面相互连接而成。这种连接既要满足零件的功能和结构要求，又要圆滑过渡，达到和谐美观的效果。CATIA 的曲面造型技术为这类零件的设计提供了方便、快捷的方法，使空间曲面的设计更趋完美；同时充分发挥全相关理念的优势，直接利用空间曲面生成薄壳零件，并且分割形体生成凸模和凹模，缩短了设计周期，极大地提高了模具的开发效率。

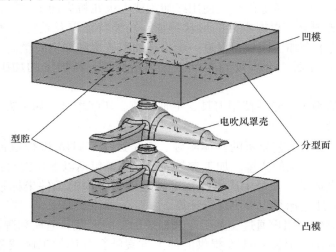

图 2-59　电吹风罩壳及其模具

2. 电吹风罩壳模具的数控加工

CATIA 数控加工提供了 2.5 轴~5 轴的数控加工能力，不仅可以基于表面数据模型进行加工，而且可以采用点云数据进行数控加工。它同时提供了等高线粗加工和投影粗加工两种加工方法，以及等高线加工、投影加工、轮廓驱动加工、沿面加工、螺旋加工和清根加工等半精加工和精加工方法。本章节以电吹风罩壳的凸模为基础分析相关的 CATIA 数控加工方法。

根据 CATIA 数控加工的七个步骤，首先对电吹风罩壳的凸模进行数控加工工艺分析。由于模具型腔曲面复杂，要求尺寸精度高、表面质量好，因此选用数控铣床加工，并且不能用单一方法完成加工。将加工工艺分成四个阶段，即粗加工分型面和型腔（包含精加工分型面）、半精加工型腔、精加工型腔。每道工序的工艺参数设定见表 2-14。

表 2-14　电吹风罩壳凸模的数控加工工艺参数

序号	加工阶段	加工方法	刀具直径 /mm	主轴转速 / (r/min)	进给速度 / (mm/min)	背吃刀量 /mm	切削间距 /mm	加工余量 /mm
1	粗加工	平面铣削	$\phi30R1$	1500	1000	5.55	15	2
2	半精加工	等高线粗加工	$\phi20R1$	2000	1000	2	4	1
3	半精加工	等高线加工	$\phi20R1$	2000	1000	残余高度 0.2	0.85	0.5
4	精加工	投影加工	$\phi20R1$	2000	1500	残余高度 0.01	0.2	0

（1）粗加工　粗加工采用尽可能大的步距、行距和背吃刀量，去除毛坯的大部分余量，能节约加工时间、提高劳动生产率。加工余量的设置必须合适，余量过大会导致后续加工的表面粗糙。对于分型面和型腔的粗加工，通过多次实验发现，采用 2.5 轴铣削加工中的平面铣削方法最符合粗加工原则。平面铣削是在水平切削层上创建刀具轨迹，用于去除毛坯上的材料余量的方法。虽然该方法常用于直壁的平面零件加工，但是如果将型腔曲面设定为检查曲面，并在型腔曲面周围设置余量，就可以按指定的背吃刀量生成一组 Z 平面，每一个 Z 平面对毛坯和型腔进行剖切，从而确定 Z 平面内的加工区域。这是一种将平面铣削方法用于曲面粗加工的改进方案，该方法在粗加工型腔曲面的同时可以对分型面进行精加工。这样可以保证后续加工不必加工分型面，能充分节约加工时间。

由于模具材料的硬度高，加工中采用硬质合金铣刀。刀具选用直径为 $\phi30mm$、圆角半径为 $R1$（mm）的平底圆角刀。检查曲面余量 2mm，即型腔表面加工余量 2mm；轴向设置 10 层加工平面，每层背吃刀量 5.55mm；分型面精加工余量 0.5mm，粗加工结束即完成分型面的精加工；走刀路线采用由外向内环切铣削，行距为 15mm；主轴转速 1500r/min，进退刀采用外轮廓延长线的切线方向切入切出，进退刀速度 200mm/min，正常切削速度 1000mm/min。

针对环形铣削，CATIA 定义了一项特殊的高速铣削功能（HSM）。该功能在切削转角时自动减速，转角完成后自动加速，避免了由于切削惯性在拐角处产生过切或崩刀，既提高了

效率，又降低了加工成本。图 2-60 所示为电吹风
罩壳凸模的粗加工检验结果，具体加工参数的设
置在图 2-61 所示的平面铣削加工对话框中进行。

（2）半精加工　粗加工后，型腔表面刀痕粗
糙，呈现梯田状。半精加工时，步距、行距、背
吃刀量和刀具半径都相应减小，进一步减小了表
面粗糙度、消除了应力变形，并且留少许余量，
为精加工做好准备。

由于粗加工留有较大余量，为了避免损伤刀
具，将半精加工分两步进行。

第一步采用等高线粗加工，以垂直于刀具轴

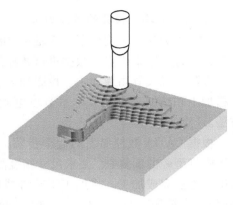

图 2-60　电吹风罩壳凸模粗加工

线 Z 轴的刀具轨迹逐层切除型腔表面的多余材料。这种方法虽然是一种曲面粗加工方式，
但是通过细化加工参数，可将其改进成一种曲面半精加工方式。由于前一步工序已经完成分
型面的精加工，因此将分型面设定为检查曲面，这样刀具仅对型腔表面进行半精加工，而不

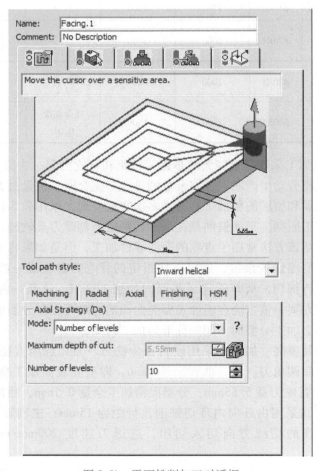

图 2-61　平面铣削加工对话框

接触分型面。刀具选用直径为 $\phi20$mm、圆角半径为 $R1$（mm）的平底圆角刀；检查曲面余量 1mm，即分型面余量 1mm，型腔表面加工余量 1mm；走刀路线采用螺旋铣削（螺旋铣削在高速铣削时层与层之间的过渡是圆弧光滑过渡，可进一步减小表面粗糙度）；主轴转速 2000r/min（进刀采用螺旋下刀，退刀采用最优化退刀模式，系统自动计算刀具的最佳安全退刀距离，不必退出安全平面）；进退刀速度为 200mm/min，正常切削速度为 1000mm/min。图 2-62 所示为电吹风罩壳凸模的半精加工检查结果（一）。具体加工参数的设置在图 2-63 所示的等高线粗加工对话框中进行。

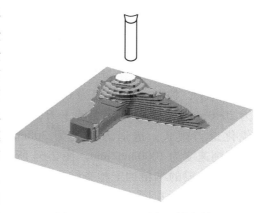

图 2-62　电吹风罩壳凸模半精
加工检查结果（一）

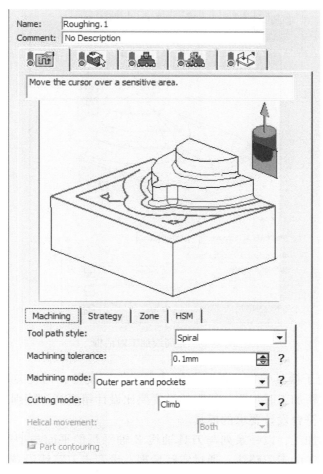

图 2-63　等高线粗加工对话框

第二步采用等高线加工，以垂直于刀具轴线 Z 轴的平面切割型腔表面，逐层计算刀具轨迹。同样将分型面设定为检查曲面，刀具不干涉分型面。刀具选用直径为 $\phi20$mm、圆角半径为 $R1$（mm）的平底圆角刀；检查曲面余量为 0.5mm，型腔表面加工余量为 0.5mm；走刀路线采用顺铣法，控制残余高度为 0.2mm；主轴转速为 2000r/min，进刀采用螺旋下刀，退刀采用最优化退刀模式；进退刀速度为 300mm/min，正常切削速度为 1000mm/min。图 2-64 所示为电吹风罩壳凸模的半精加工检查结果（二），具体加工参数的设置在图 2-65 所示的等高线加工对话框中进行。

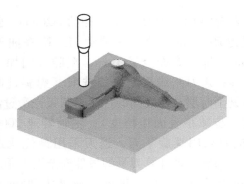

图 2-64　电吹风罩壳凸模半精加工检查结果（二）

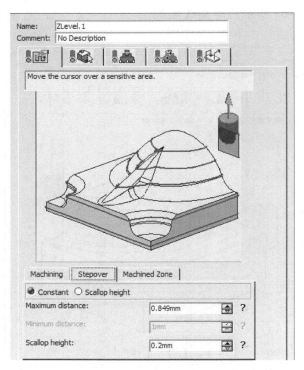

图 2-65　等高线加工对话框

（3）精加工　由于模具的加工质量与操作者、加工设备、工装夹具、刀具、切削液等诸多因素有关，因此精加工时步距、行距的设置要比设计精度高，特别是选择合理的走刀路线，这样才能加工出符合设计要求的模具。

精加工采用投影加工，以一系列与刀具轴线 Z 轴平行的平面与型腔表面相交而获得刀具的轨迹。对于精加工的走刀路线，通过实践发现，设置走刀路线沿着与 X 轴正方向成 45°的往复切削能够获得较好的切削质量。因此选用该方法，控制残余高度 0.01mm；设定分型面为检查曲面，余量为 0mm，型腔表面加工余量 0mm；刀具选用直径为 $\phi20$mm、圆角半径为 $R1$（mm）的平底圆角刀；主轴转速为 2000r/min，进刀采用螺旋下刀，退刀采用最优化退刀模式；进退刀速度为 300mm/min，正常切削速度为 1500mm/min。图 2-66 所示为电吹风罩壳凸模的精加工检查结果，具体加工参数的设置在图 2-67 所示的投影加工对话框中进行。

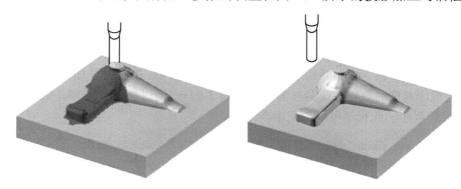

图 2-66　电吹风罩壳凸模精加工检查结果

59

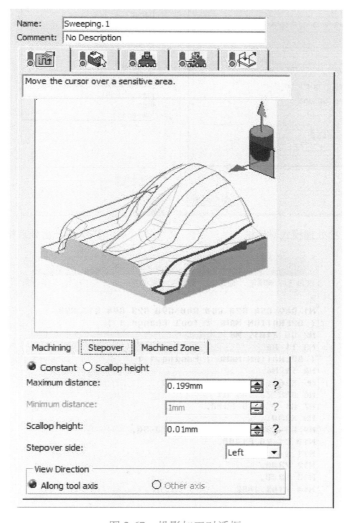

图 2-67　投影加工对话框

（4）生成数控程序　完成加工操作后，需要通过 CATIA 的后处理器将加工轨迹转换为数控机床可以识别的数控程序。CATIA 提供了两种输出程序的方法，即批处理模式和交互处理模式。这两种处理模式的操作方式基本相同，只是批处理模式可以在加工窗口中选择其他零件的加工过程文件进行程序输出，而交互处理模式只能对当前加工窗口中的加工过程进行处理，无法选择其他加工过程文件进行处理。本章节仅介绍批处理模式。图 2-68 所示为批处理模式对话框。在 NC Code 标签中，可以选择一种后处理格式（如 fanuc、mazak），也就是与数控机床对应的数控系统的标准格式（图 2-69）。通过执行后处理，就可以获得图 2-70 所示的数控程序。此程序可以用记事本打开。

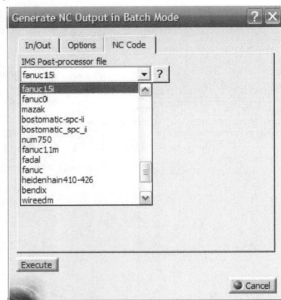

图 2-68　批处理模式对话框　　　　　　　　图 2-69　后处理格式选择框

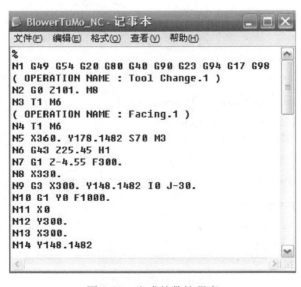

图 2-70　生成的数控程序

（5）驱动数控机床加工 生成的数控程序首先要导入数控机床，然后才能驱动数控机床运行。本章节运用 FANUC 0i 数控系统中的 MDI 键盘导入由 CATIA 软件生成的数控程序。FANUC 0i 数控系统的机床操作面板如图 2-71 所示。

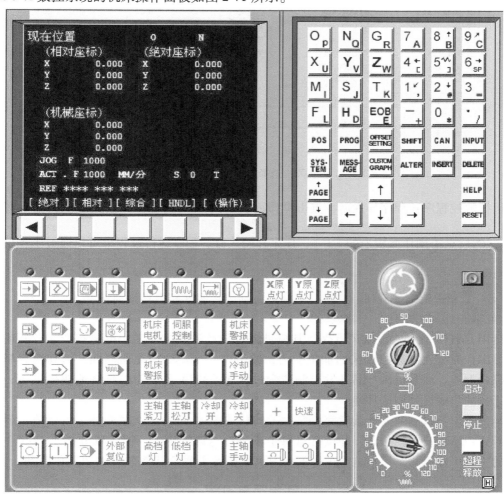

图 2-71　FANUC 0i 数控系统的机床操作面板

导入数控程序：点击机床操作面板上的编辑按钮，编辑状态指示灯变亮，此时已进入编辑状态。点击 MDI 键盘上的 **PROG**，CRT 界面转入编辑页面。然后点击按钮"操作"，在出现的下级子菜单中点击按钮 ▶，可见提示按钮"F 检索"，点击此按钮，在弹出的对话框中选择所需的 NC 程序（图 2-72），点击"打开"确认。在同一级菜单中，点击按钮"读入"，点击 MDI 键盘上的数字/字母键，输入"Ox"程序号（x 为任意不超过 4 位的数字），最后点击按钮"执行"，则数控程序显示在 CRT 界面上。

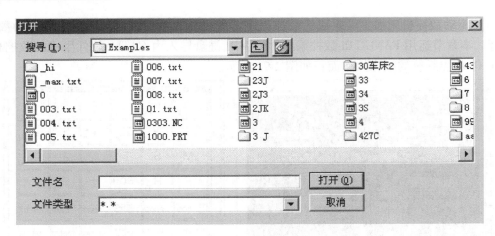

图 2-72 选择所需的 NC 程序

运行数控程序：程序导入后，点击操作面板上的"自动运行"按钮，使其指示灯变亮 ，然后点击操作面板上的 ，程序开始执行。程序运行过程中可以通过主轴倍率旋钮 和进给倍率旋钮 来调节主轴旋转速度和刀具移动速度。

运用 CATIA 软件对电吹风罩壳及其模具进行设计和数控加工，可提高产品及其模具的设计效率，充分发挥数控机床的加工能力，缩短产品生产的全生命周期，提高模具制造精度。综合上述，涵盖机械产品开发与制造全过程的 CATIA 系统为模具制造业提供了一个完善、无缝的集成设计制造环境。

本章的学习目的并非让读者完全掌握 CATIA 软件，而是让大家充分了解目前世界上先进的 CAD/CAM 技术。因此，并没有对每个步骤进行详细讲解，而仅仅分析了 CATIA 数控加工的主要工作思路，通过这些内容的学习可使读者了解 CATIA 软件的功能和特点。

思考题与习题

2-1 简述数控机床程序编制的内容与步骤。

2-2 如何确定工件原点与机床原点之间的位置关系？

2-3 数控机床的坐标轴与运动方向是怎样规定的？与加工程序编制有何关系？

2-4 何谓模态代码和非模态代码？试举例说明。

2-5 何谓数控铣床的机床零点、工件零点、编程零点？

2-6 已知一条直线的起点坐标为（30，-20），终点坐标为（10，20），试写出 G90 和 G91 状态下的直线插补程序。

2-7 在 XK0816 数控铣床上加工图 2-73 所示的各种零件，试编制其数控加工程序。

2-8 数控车床的程序编制有何特点？

2-9 数控车床的机床原点、参考点及工件原点之间有何区别？大致的相对位置怎样？

2-10 在 H2-053 数控车床上精车图 2-74 中的零件。图 a 中零件外圆 $\phi64$mm、图 b 中零件外圆 $\phi60$mm 及图 c 中零件外圆 $\phi40$mm 均不加工。试编制其数控精加工程序。

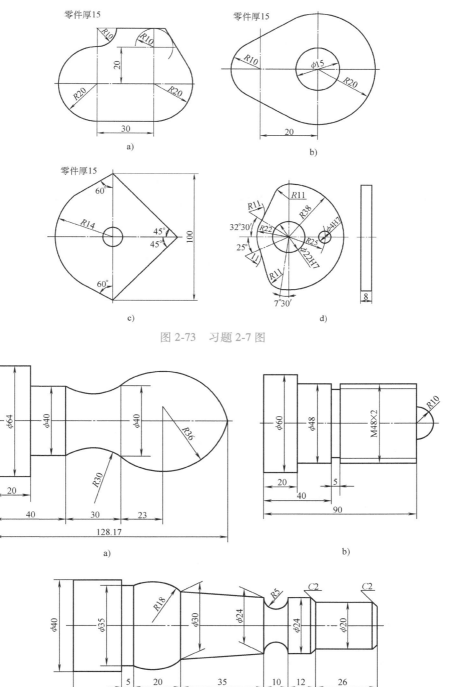

图 2-73   习题 2-7 图

图 2-74   习题 2-10 图

a）铸件   b）、c）棒料

2-11   简述 CATIA 数控加工的工作过程。

第三章

3

数控机床程序编制中的工艺处理

第一节 概　　述

手工编程和大多数自动编程首先遇到的是工艺处理问题。在编程前，必须对所加工的零件进行工艺分析，拟定加工方案，选择合适的刀具和夹具并确定切削用量。在编程中，还需进行工艺处理，如确定对刀点等。因此，数控机床程序编制中的工艺处理是一项十分重要的工作。

一、数控加工工艺的特点

数控加工与通用机床加工在方法与内容上有许多相似之处，不同点主要表现在控制方式上。在通用机床上加工零件时，就某道工序而言，其工步安排、机床部件运动次序、位移量、走刀路线、切削参数选择等，都是由操作工人自行考虑和确定的，是用手工操作方式来进行控制的。而在数控机床上加工时，情况就完全不同了。在数控机床加工前，必须由编程人员把全部加工工艺过程、工艺参数和位移数据等编制成程序，记录在控制介质上，用它控制机床加工。由于数控加工的整个过程是自动进行的，因而形成了以下的工艺特点：

1. 数控加工工艺的内容十分具体

如前所述，在用通用机床加工时，许多具体的工艺问题，如工步的划分、对刀点、换刀点、走刀路线等在很大程度上都是由操作工人根据自己的经验和习惯自行考虑、决定的，一般无须工艺人员在设计工艺规程时，进行过多的规定。而在数控加工时，上述这些具体工艺问题，不仅成为数控工艺处理时必须认真考虑的内容，而且还必须正确地选择并编入加工程序中。换言之，本来是由操作工人在加工中灵活掌握并可通过适时调整来处理的许多工艺问题，在数控加工时就转变成为编程人员必须事先具体设计和具体安排的内容。

2. 数控加工的工艺处理相当严密

数控机床虽然自动化程度较高，但自适性差，它不可能对加工中出现的问题自由地进行人为调整，尽管现代数控机床在自适应调整方面作了不少改进，但自由度还是不大。因此，在进行数控加工的工艺处理时，必须注意到加工过程中的每一个细节，考虑要十分严密。实践证明，数控加工中出现差错或失误的主要原因多为工艺方面考虑不周和计算与编程时粗心大意。所以，编程人员不仅必须具备较扎实的工艺基础知识和较丰富的工艺设计经验，而且还要具有严谨踏实的工作作风。

二、数控加工工艺处理的主要内容

实践证明，数控加工工艺处理主要包括以下几方面：

1）选择并确定进行数控加工的零件及内容。

2）对被加工零件的图样进行工艺分析，明确加工内容和技术要求，并在此基础上确定零件的加工方案，划分和安排加工工序。

3）设计数控加工工序。如工步的划分、零件的定位、夹具与刀具的选择、切削用量的确定等。

4）选择对刀点、换刀点的位置，确定加工路线，考虑刀具补偿。

5）分配数控加工中的容差。

6）数控加工工艺技术文件的定型与归档。

从图 3-1 可见，数控加工工艺处理内容较多，其中有些与普通机床加工相似。本章仅对数控编程中的工艺处理进行讨论。

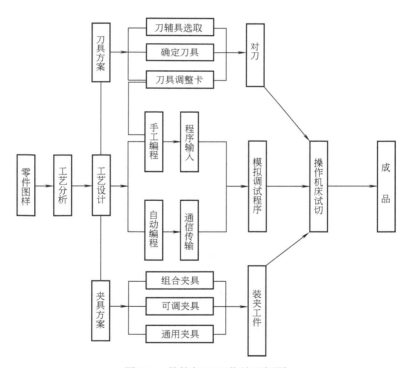

图 3-1　数控加工工艺处理框图

第二节　选择数控加工的零件及数控加工的内容

一、选择数控加工的零件

数控机床的应用范围正在不断扩大，但不是所有零件都适宜在数控机床上加工。根据数控加工的优缺点及国内外大量应用实践，一般可按适应程度将零件分为下列三类：

1. 最适应类

1）形状复杂，加工精度要求高，用通用机床无法加工或能加工但很难保证产品质量的零件（图3-2）。

图3-2　模具型腔

2）用数学模型描述的复杂曲线或曲面轮廓零件（图3-3）。

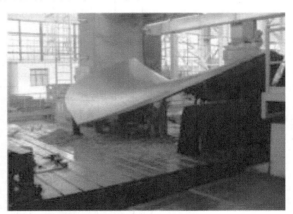

图3-3　叶轮

3）具有难测量、难控制进给、难控制尺寸的内腔壳体或盒形零件（图3-4）。

4）必须在一次装夹中合并完成铣、镗、锪、铰或攻螺纹等多工序的零件（图3-5）。

对于上述零件，不必先过多地考虑生产效率与经济上是否合理，而应先考虑能不能把它们加工出来，要着重考虑可能性问题。只要有可能，都应把对其进行数控加工作为优选方案。

2. 较适应类

1）在通用机床上加工时极易受人为因素（如：情绪波动、体力强弱、技术水平高低等）的干扰，零件价值又高，一旦质量失控，将造成重大经济损失的零件。

2）在通用机床上加工时必须制造复杂的专用工装的零件。

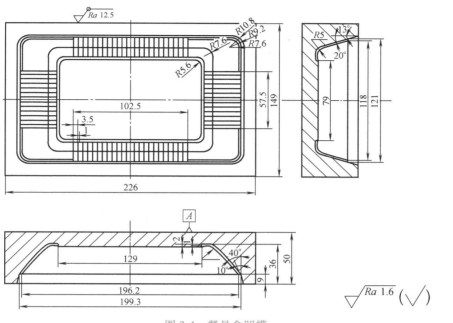

图 3-4　餐具盒凹模

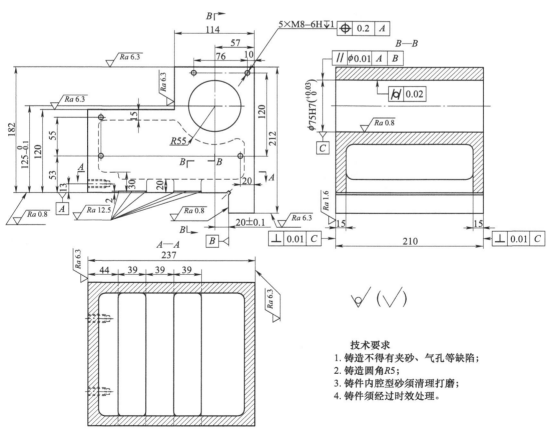

技术要求
1. 铸造不得有夹砂、气孔等缺陷；
2. 铸造圆角 R5；
3. 铸件内腔型砂须清理打磨；
4. 铸件须经过时效处理。

图 3-5　箱体

3）需要多次更改设计后才能定型的零件。

4）在通用机床上加工需要作长时间调整的零件。

5）用通用机床加工时，生产效率很低或体力劳动强度很大的零件。

图 3-6 所示为汽车前钢板弹簧支架。该零件两垂直面的平面度公差和垂直度公差均在 0.3mm 之内，内档两平面同中心孔垂直度公差只有 0.15mm，两锁紧孔的精度为 0.045mm。该零件精度要求高，在通用机床上加工时易受人为因素干扰，加工时需要制造复杂的专用工装。

对这类零件，在首先分析其可加工性以后，还要在提高生产效率及经济效益方面作全面衡量，一般可把它们作为数控加工的首选对象。

3. 不适应类

1）生产批量大的零件（当然不排除其中个别工序用数控机床加工）。

2）装夹困难或完全靠找正定位来保证加工精度的零件。

3）加工余量很不稳定，且数控机床上无在线检测系统可自动调整零件坐标位置的情况。

4）必须用特定的工艺装备协调加工的零件。

图 3-7 所示为汽车后簧支架。该零件两垂直面的垂直度公差在 0.3mm 以内，内档两孔精度为 0.2，两孔轴线与垂直面的平行度公差在 0.2mm 以内。该零件精度要求低，生产批量大，加工余量很不稳定，同时需要用特定的工艺装备协调加工。

图 3-6　汽车前钢板弹簧支架　　　　　图 3-7　汽车后簧支架

因为上述零件采用数控加工后，在生产效率与经济性方面一般无明显改善，更有可能弄巧成拙或得不偿失，故此类零件一般不应作为数控加工的选择对象。

参考上述数控加工的适应性，就可以根据已有的数控机床来选择加工对象，或根据零件类型来考虑哪些应先安排数控加工，或从技术改造的角度考虑，是否需要添置数控机床。

二、选择数控加工的内容

当选择并决定某个零件进行数控加工后，并不等于要把它所有的加工内容都包下来，而可能只是对其中的一部分进行数控加工。必须对零件图样进行仔细的工艺分析，选择那些最适合、最需要进行数控加工的内容和工序。在选择并做出决定时，应结合实际情况，立足于攻坚克难和提高生产效率，充分发挥数控加工的优势。在选择时，一般按下列顺序考虑：

1）通用机床无法加工的内容应作为优先选择的内容。

2）通用机床难加工、质量难以保证的内容应作为重点选择内容。

3）通用机床加工效率低、工人手工操作劳动强度大的内容，可在数控机床尚存在富余能力的基础上进行选择。

一般来说，上述这些加工内容采用数控加工后，在产品质量、生产率与综合经济效益等方面都会得到明显提高。相比之下，下列加工内容则不宜采用数控加工。

1）需要通过较长时间占机调整的加工内容，如：以毛坯的粗基准定位来加工第一个精基准的工序等。

2）必须按专用工装协调的孔及其他加工内容。其主要原因是采集编程用的数据有困难，协调效果也不一定理想，有"费力不讨好"之感。

3）按某些特定的制造依据（如样板、样件、模胎等）加工的型面轮廓。主要原因是难以取得数据，易与检验依据发生矛盾，增加编程难度。

4）不能在一次安装中完成加工的其他零星部位，采用数控加工很麻烦，效果不明显。对此可安排通用机床补加工。

此外，在选择和决定加工内容时，也要考虑生产批量、生产周期、工序间周转情况等。总之，要尽量做到合理，达到多、快、好、省的目的；要防止把数控机床降格为通用机床使用。

选择数控加工内容实例：如图 3-8 所示零件，可以先在普通机床上把底面和四个轮廓面加工好（基面先行原则），其余的顶面、孔及沟槽安排在立式加工中心上加工（工序集中原则），加工中心工序可以按"先粗后精""先主后次""先面后孔"等原则划分工步。

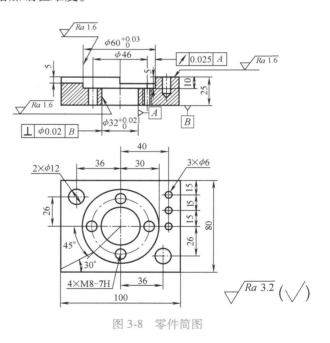

图 3-8　零件简图

第三节　数控加工零件的工艺性分析

在选择和确定数控加工内容的过程中，有关工艺人员已对零件作过一些工艺性分析，但还不够具体与充分。本节从数控加工的可能性与方便性两个角度出发，提出一些必须认真、仔细分析的主要内容。

一、分析零件图中的尺寸标注方法是否适应数控加工的特点

以同一基准引注尺寸或直接给出坐标尺寸，这种标注法（图 3-9）最能适应数控加工的

特点。它既便于编程，也便于尺寸之间的相互协调，在保持设计、工艺、检测基准与编程原点设置的一致性方面带来很大方便。另一种是局部分散的尺寸标注法，这种标注法（图3-10）较多地考虑了装配、减少加工积累误差等方面的要求，却给数控加工带来很多不便。因此对这类图样，必须将局部分散标注法改为集中引注或坐标式尺寸，以符合数控加工的要求。事实上，由于数控加工精度及重复定位精度都很高，不会产生过多的积累误差而破坏使用性能，所以这种标注法的改动是完全可行的。

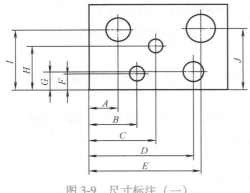

图 3-9 尺寸标注（一）

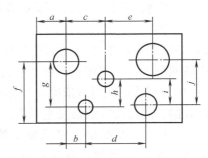

图 3-10 尺寸标注（二）

二、分析构成零件轮廓的几何元素的条件是否充分

构成零件轮廓的几何元素的条件（如直线位置、圆弧半径、圆弧与直线是相切还是相交等），是数控编程的重要依据。手工编程时，要根据它计算出每一个节点坐标，自动编程时，依据它才能对构成轮廓的所有几何元素进行定义。无论哪一条件不明确，编程都无法进行。因此，在分析零件图时，务必认真仔细，一旦发现问题，应及时找设计人员更改。

三、分析零件定位基准的可靠性

数控加工应采用统一的基准定位，否则会因工件的重新安装而导致加工后的两个面上出现轮廓位置及尺寸不协调现象。例如加工轴类零件时，采用两中心孔定位加工各外圆表面，就符合基准统一原则。箱体零件采用一面两孔定位，齿轮的齿坯和齿形加工多采用齿轮的内孔及一端面为定位基准，均属于基准统一原则。又如正反两面都采用数控加工的零件，最好用零件上现有的合适的孔作定位基准孔，即使零件上没有合适的孔，也要想办法专门设置工艺孔作为定位基准。有时还可以考虑在零件轮廓的毛坯上增加工艺凸耳的方法，在凸耳上加工定位孔，在完成加工后再除去。若无法制出工艺孔时，也至少要用经过精加工的零件轮廓基准定位，以减少两次装夹所产生的误差。

对图样的工艺性分析与审查，一般是在零件图样和毛坯设计以后进行的，所以遇到的问题和困难较多。特别是在把原来采用通用机床加工的零件改为数控加工的情况下，零件设计都已经定型，若再根据数控加工的特点，对图样或毛坯进行较大更改，就更麻烦了。因此一定要把工作重点放在零件图样初步设计与定型设计之间的工艺性审查与分析上。编程人员不仅要积极参与认真仔细的审查工作，还要与设计人员密切合作，在不损害零件使用性能的前提下，让图样设计更多地满足数控加工工艺的各种要求。

第四节　数控加工的工艺路线设计

数控加工的工艺路线设计与通用机床加工的工艺路线设计的主要区别在于它仅是几道数控加工工序工艺过程的概括，而不是指毛坯到成品的整个工艺过程。因此，在数控加工的工艺路线设计中必须全面考虑，使之与整个工艺过程协调吻合。在数控工艺路线设计中主要应注意工序划分和顺序安排问题以及数控加工工序与普通工序的衔接问题。

一、工序划分

数控加工工序的划分有下列方法：

（1）根据装夹定位划分工序　按零件结构特点，将加工部位分成若干部分，每次安排（即每道工序）可以加工其中一部分或几部分，每一部分可用典型刀具加工。比如可将一个零件分成加工外型、内型和平面部分。加工外型时，以内型中的孔夹紧；加工内型时，以外型夹紧。

（2）按所用刀具划分工序　为了减少换刀次数，减少空程时间，可以按刀具集中工序。在一次装夹中，用一把刀加工完用该刀加工的所有部位，然后再换第二把刀加工。自动换刀数控机床中大多采用这种方法。手动换刀的数控机床中更应注意这个问题。

（3）以粗、精加工划分工序　对于易发生加工变形的零件，由于粗加工后可能发生的变形而需要进行校形，故一般来说凡要进行粗、精加工的都要将工序分开。

在划分工序中，要根据零件的结构与工艺性、机床的功能、零件数控加工内容的多少、安装次数及车间生产组织状况灵活掌握，要力求合理。

二、顺序安排

数控加工工序的顺序安排，对加工精度、加工效率、刀具数目有很大影响。顺序安排一般应按下列原则进行：

1）上道工序的加工不能影响下道工序的定位与夹紧，中间穿插有通用机床加工工序的也要综合考虑。

2）先进行内型内腔加工工序，然后进行外型加工工序。

3）以相同定位、夹紧方式或同一把刀具加工的工序，最好连续进行，以减少重复定位次数与换刀次数。

4）在同一次安装中进行的多道工序，应先安排对工件刚性破坏较小的工序。

总之，顺序安排应根据零件的结构和毛坯状况，以及定位安装与夹紧的需要综合考虑。

三、数控加工工序与普通工序的衔接

数控加工工序前后一般都穿插有其他普通工序，如衔接不好就容易产生矛盾。最好的办法是相互建立状态要求，如：要不要留加工余量，留多少；定位面与孔的精度要求及几何公差；对校形工序的技术要求；对毛坯的热处理要求等。目的是达到相互能满足加工需要，且质量目标及技术要求明确，交接验收有依据。关于手续问题，如果是在同一个车间，可由编程人员与主管该零件的工艺人员共同协商确定，在制订工序工艺文件中互审会签，共同负责；

如不是在同一个车间，则应用交接状态表进行规定，共同会签，然后反映在工艺规程中。

四、数控加工的工艺路线设计实例

如图 3-8 所示零件，可以先在普通机床上把底面和四个轮廓面加工好（基面先行原则），其余的顶面、孔及沟槽安排在立式加工中心上完成（工序集中原则）。加工中心工序按"先粗后精""先主后次""先面后孔"等原则可以划分为如下 15 个工步：

1）粗铣顶面。

2）钻 $\phi32mm$、$\phi12mm$ 等孔的中心孔（预钻凹坑）。

3）钻 $\phi32mm$、$\phi12mm$ 孔至 $\phi11.5mm$。

4）扩 $\phi32mm$ 孔至 $\phi30mm$。

5）钻 $3\times\phi6mm$ 的孔至尺寸。

6）粗铣 $\phi60mm$ 沉孔及沟槽。

7）钻 $4\times M8$ 底孔至 $\phi6.8mm$。

8）镗 $\phi32mm$ 孔至 $\phi31.7mm$。

9）精铣顶面。

10）铰 $\phi12mm$ 孔至尺寸。

11）精镗 $\phi32mm$ 孔至尺寸。

12）精铣 $\phi60mm$ 沉孔及沟槽至尺寸。

13）$\phi12mm$ 孔口倒角。

14）$3\times\phi6mm$、$4\times M8$ 孔口倒角。

15）攻 $4\times M8$ 螺纹。

加工完毕。

第五节 数控加工工序的设计

当数控加工工艺路线设计完成后，各道数控加工工序的加工内容已基本确定，接下来便可以着手数控工序设计。

数控加工工序设计的主要任务是进一步确定本工序的具体加工内容、切削用量、工艺装备、定位夹紧方式及刀具运动轨迹等，为编制加工程序作好充分准备。

一、确定走刀路线和安排工步顺序

走刀路线是刀具在整个加工工序中的运动轨迹，它不但包括工步内容，也反映出工步顺序。走刀路线是编写程序的依据之一，因此，在确定走刀路线时最好画一张工序简图，将已经拟定出的走刀路线画上去（包括进、退刀路线），这样可为编程带来不少方便。工步的划分与安排一般可随走刀路线来进行。在确定走刀路线时，主要遵循下列原则：

确定的加工路线应能保证零件的加工精度和表面粗糙度要求。当铣削平面零件外轮廓时，一般是采用立铣刀侧刃切削。刀具切入工件时，应避免沿零件外廓的法向切入，而应沿外廓曲线延长线的切向切入，以避免刀具在切入处产生刻痕，保证零件曲线平滑过渡，如图 3-11 所示。同理，在切离工件时，要避免在工件的轮廓处直接退刀，而应沿零件轮廓延长线的切向逐渐切离工件。

铣削封闭的内轮廓表面时（图 3-12），因内轮廓曲线不允许外延，刀具只能沿轮廓曲线的法向切入和切出，此时刀具的切入和切出点应尽量选在内轮廓曲线两几何元素的交点处。

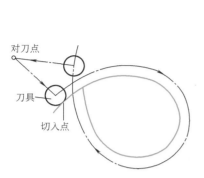

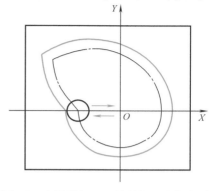

图 3-11　刀具的切入和切出过渡　　　　图 3-12　内轮廓加工刀具的切入和切出过渡

用圆弧插补方式铣削外整圆时（图 3-13），当整圆加工完毕，不要在切点处直接退刀，而要让刀具沿切线方向多运动一段距离，以免取消刀具补偿时，刀具与工件表面碰撞，造成工件报废。铣削内圆弧时，也应遵守从切向切入的原则。最好安排从圆弧过渡到圆弧的加工路线（图 3-14），以提高内孔表面的加工精度和表面质量。

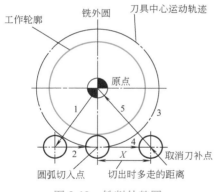

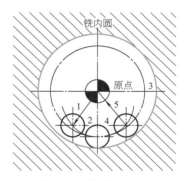

图 3-13　铣削外整圆　　　　　　　　图 3-14　铣削内圆弧

对于孔位置精度要求较高的零件，在精镗孔系时，安排的镗孔路线一定要注意各孔的定位方向要一致，即采用单向趋近定位点的方法，以避免传动系统误差或测量系统误差对定位精度的影响。如图 3-15a 所示的加工路线，在加工孔 Ⅳ 时，X 方向的反向间隙将影响 Ⅲ-Ⅳ 孔的孔距精度；如换成图 3-15b 所示的加工路线，则可使各孔的定位方向一致，从而提高孔距精度。

此外，轮廓加工应避免进给停顿，因为停顿易引起工件、刀具、机床系统的相对变形。进给停顿，切削力减小，刀具会在进给停顿处的零件轮廓上留下划痕。

为了降低铣削表面的粗糙度和提高加工精度，可以采用多次走刀的方法，使最后精加工的余量较少，一般以 0.20~0.50mm 为宜。精铣时应尽量用顺铣，以减小被加工零件的表面粗糙度。

为提高生产效率，在确定加工路线时，应尽量缩短加工路线，减少刀具空行程时间。

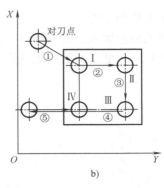

图 3-15　两种孔系的加工路线方案

图 3-16 是正确选择钻孔加工路线的例子。按照一般习惯，应先加工均布于同一圆周上的八个孔，再加工另一圆周上的孔（图 3-16a）。但对点位控制的数控机床，这并不是最短的加工路线，应按图 3-16b 所示的加工路线进行加工，使各孔间距离的总和最小，以节省加工时间。

为减少编程工作量，还应使数值计算简单，程序段数量少，程序短。

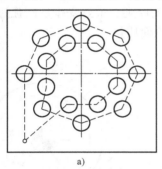
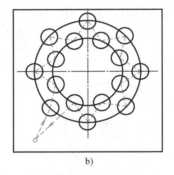

图 3-16　最短钻孔加工路线的选择

二、定位基准与夹紧方案的确定

在确定定位基准与夹紧方案时应注意下列三点：

1）力求设计、工艺与编程计算的基准统一。

2）尽量减少装夹次数，尽可能做到在一次定位装夹后就能加工出全部待加工表面。

3）避免采用占机人工调整式方案（图 3-17）。

图 3-17 是在一台三工位回转工作台机床上加工轴承盖螺钉孔的示意图。操作者在上下料工位Ⅰ处装上工件，当该工件依次通过钻孔工位Ⅱ、扩孔工位Ⅲ后，即可在一次装夹后把四个阶梯孔在两个位置加工完毕。这样，既减少了装夹次数，又因各工位的加工与装卸是同时进行的，从而节约了安装时间，使生产效率大大提高。

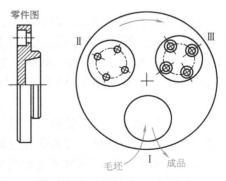

图 3-17　轴承盖螺钉孔的三工位加工

三、夹具的选择

数控加工的特点对夹具提出了两个基本要求：一是要保证夹具的坐标方向与机床的坐标方向相对固定；二是要能协调零件与机床坐标系的尺寸。除此之外，还要考虑以下四点：

1）当零件加工批量小时，应尽量采用组合夹具、可调式夹具及其他通用夹具。

2）当小批或成批生产时才考虑采用专用夹具，但应力求结构简单。

3）夹具要打开，其定位、夹紧机构元件不能影响加工中的走刀。

4）装卸零件要方便可靠，以缩短准备时间。有条件时，批量较大的零件应采用气动或液压夹具、多工位夹具。

此外数控机床夹具应具备如下新要求：

1）实行标准化、系列化和通用化；

2）发展组合夹具和拼装夹具，降低生产成本；

3）提高精度；

4）提高夹具的自动化水平。

根据所使用的机床不同，用于数控机床的通用夹具通常分为以下几种：

1）数控车床夹具。数控车床夹具主要有自定心卡盘、单动卡盘、花盘等。

自定心卡盘如图3-18所示，可自动定心，装夹方便，应用较广，但它夹紧力较小，不便于夹持外形不规则的工件。

单动卡盘如图3-19所示，其四个爪都可单独移动，安装工件时需找正，夹紧力大，适用于装夹毛坯及截面形状不规则和不对称的较重、较大的工件。

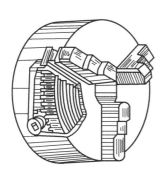

图 3-18　自定心卡盘的构造

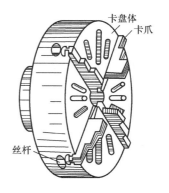

卡盘体
卡爪
丝杆

图 3-19　单动卡盘

通常用花盘装夹不对称和形状复杂的工件。装夹工件时需反复校正和平衡。

2）数控铣床夹具。数控铣床常用夹具是平口钳。先把平口钳固定在工作台上，找正钳口，再把工件装夹在平口钳上。这种方式装夹方便，应用广泛，适于装夹形状规则的小型工件（图3-20）。

3）加工中心夹具。数控回转工作台是各类数控铣床和加工中心的理想配套附件，有立式工作台、卧式工作台和立卧两用回转工作台等不同类型产品。立卧两用回转工作台在使用过程中可分别以立式和水平两种方式安装于主机工作台上。工作台工作时，利用主机的控制系统或专门配套的控制系统，完成与主机相协调的各种必须的分度回转运动。

除以上通用夹具外，数控机床主要采用拼装夹具、可调夹具（图3-21）、组合夹具（图3-22）。

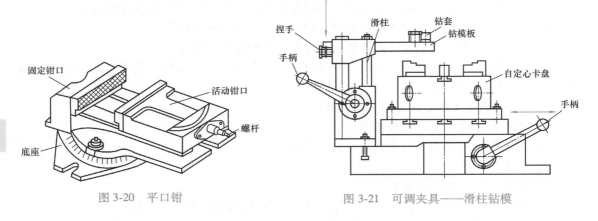

图3-20　平口钳　　　　　　　　　图3-21　可调夹具——滑柱钻模

四、刀具的选择

数控机床具有高速、高效的特点。一般数控机床，其主轴转速要比普通机床主轴转速高1~2倍，且主轴功率也大。因此，数控机床用的刀具比普通机床用的刀具要严格得多。刀具的强度和使用寿命是人们十分关注的问题。数控铣床上所采用的刀具要根据被加工零件的材料、几何形状、表面质量要求、热处理状态、切削性能及加工余量等，选择刚性好、使用寿命高的刀具。应用于数控铣削加工的刀具主要有平底立铣刀、面铣刀、球头刀、环形刀、鼓形刀和锥形刀等。常用刀具如图3-23所示。

近些年一些新刀具相继出现，使机械加工工艺得到不断更新和改善。选用刀具时应注意以下几点：

1）在数控机床上铣削平面时，应采用镶装不重磨可转位硬质合金刀片的铣刀（图3-24）。一般采用两次走刀，一次粗铣，一次精铣。当连续切削时，粗铣刀直径要小一些，精铣刀直径要大一些，最好能包容待加工面的整个宽度。加工余量大，且加工面又不均匀时，刀具直径要选得小些，否则当粗加工时会因接刀刀痕过深而影响加工质量。

2）高速钢立铣刀多用于加工凸台和凹槽，最好不要用于加工毛坯面，因为毛坯面有硬化层和夹砂现象，刀具会很快磨损。

3）加工余量较小，并且要求表面粗糙度值较小时，应采用镶立方氮化硼刀片的端铣刀或镶陶瓷刀片的端铣刀。

4）镶硬质合金的立铣刀可用于加工台阶面、凹槽、窗口面、凸台面和毛坯表面（图3-25）。

5）镶硬质合金的玉米铣刀可以进行强力切削，铣削毛坯表面和用于孔的粗加工。

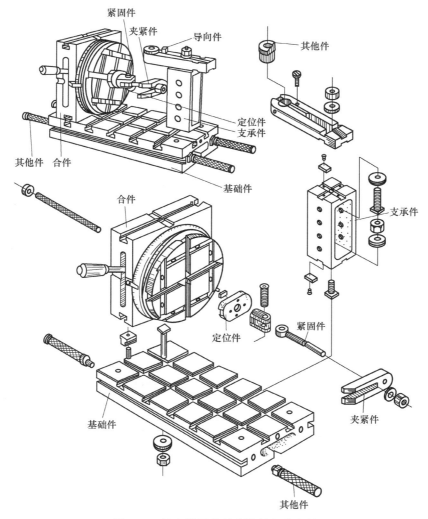

图 3-22　钻盘类零件径向孔的组合夹具

　　6）加工精度要求较高的凹槽时，可以采用直径比槽宽小一些的立铣刀，先铣槽的中间部分，然后利用刀具半径补偿功能铣削槽的两边，直至达到精度要求为止（图 3-26）。

　　7）加工曲面类零件时，为了保证刀具切削刃与加工轮廓在切削点相切，避免切削刃与工件轮廓发生干涉，一般采用球头刀。粗加工用两刃铣刀，半精加工和精加工用四刃铣刀，切削刃数还与铣刀直径有关（图 3-27）。

　　8）在数控铣床上钻孔，一般不采用钻模，钻孔深度为直径的 5 倍左右的深孔加工容易折断钻头，可采用固定循环程序，多次自动进退，以利于冷却和排屑。钻孔前最好先用中心钻钻一个中心孔，或用一个刚性好的

图 3-23　常用刀具

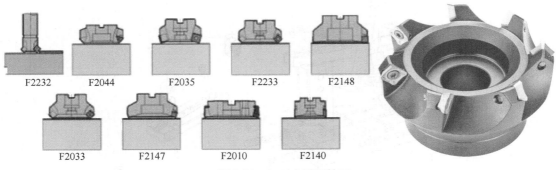

F2232 F2044 F2035 F2233 F2148

F2033 F2147 F2010 F2140

图 3-24 加工大平面铣刀

78

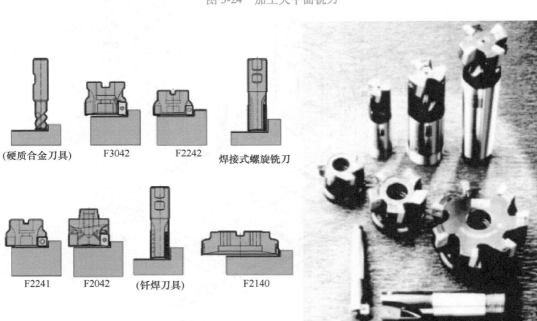

（硬质合金刀具） F3042 F2242 焊接式螺旋铣刀

F2241 F2042 （钎焊刀具） F2140

图 3-25 加工台阶面铣刀

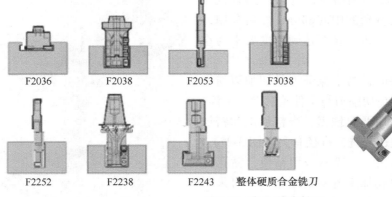

F2036 F2038 F2053 F3038

F2252 F2238 F2243 整体硬质合金铣刀

图 3-26 加工槽类铣刀

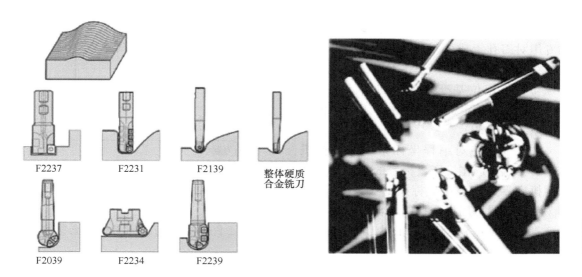

F2237   F2231   F2139   整体硬质
合金铣刀

F2039   F2234   F2239

图 3-27　加工曲面类铣刀

短钻头锪窝引正。锪窝除了可以解决毛坯表面钻孔引正问题外，还可以代替孔口倒角（图 3-28）。

9）目前数控车床用刀具的主流是可转位刀片的机夹刀具（图 3-29）。其中可转位车刀的种类按其用途可分为外圆车刀、仿形车刀、端面车刀、内圆车刀、切槽车刀、切断车刀和螺纹车刀等。可转位车刀的结构形式分为杠杆式、楔块式、楔块夹紧式。

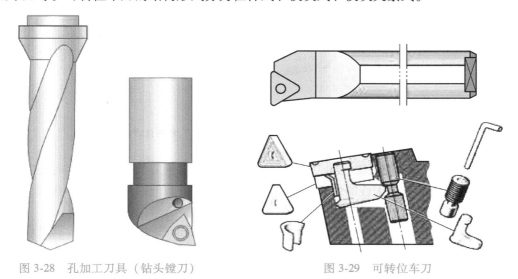

图 3-28　孔加工刀具（钻头镗刀）　　　　图 3-29　可转位车刀

五、确定对刀点与换刀点

对刀点是指在数控机床上加工零件时，刀具相对零件运动的起始点。对刀点应选择在对刀方便、编程简单的地方。

对于采用增量编程坐标系统的数控机床，对刀点可选在零件孔的中心上、夹具上的专用对刀孔上或两垂直平面（定位基面）的交线（即工件零点）上，但所选的对刀点必须与零件定位基准有一定的坐标尺寸关系，这样才能确定机床坐标系与工件坐标系的关系（图3-30）。

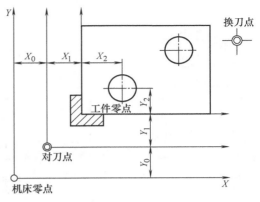

图 3-30　对刀点和换刀点

对于采用绝对编程坐标系统的数控机床，对刀点可选在机床坐标系的机床零点上或距机床零点有确定坐标尺寸关系的点上。因为数控装置可用指令控制，自动返回参考点（即机床零点），不需人工对刀。但在安装零件时，工件坐标系与机床坐标系必须有确定的尺寸关系（图3-30）。

对刀时，应使刀具刀位点与对刀点重合。所谓刀位点，对于立铣刀是指刀具轴线与刀具底面的交点；对于球头铣刀是指刀具轴线与刀具球面的交点；对于车刀或镗刀是指刀尖。如图3-31所示的对刀方式可分为相对位置检测对刀、机外对刀仪对刀、机内自动对刀。

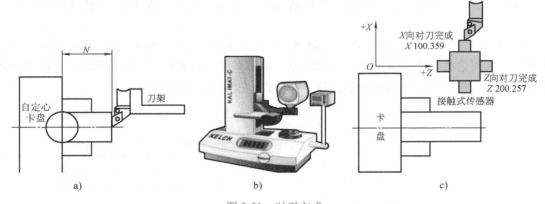

图 3-31　对刀方式

a）相对位置检测对刀　b）机外对刀仪对刀　c）机内自动对刀

对于数控车床、数控镗床、数控铣床或加工中心等常需换刀的机床，编程时还要设置一个换刀点。换刀点应设在工件的外部，以免换刀时碰伤工件。一般换刀点选择在第一个程序的起始点或机械零点上。

对于具有机床零点的数控机床，当采用绝对坐标系编程时，第一个程序段就是设定对刀点坐标值，以规定对刀点在机床坐标系的位置；当采用增量坐标系编程时，第一个程序段则是设定对刀点到工件坐标系坐标原点（工件零点）的距离，以确定对刀点与工件坐标系之间的相对位置关系。

六、切削用量的确定

切削用量包括主轴转速（切削速度）、背吃刀量和进给量。

数控加工中切削用量的确定，要根据机床说明书中规定的允许值，再按刀具使用寿命允许的切削用量复核。切削用量也可按切削原理中规定的方向计算，并结合实践经验确定。

自动换刀数控机床往主轴或刀库上装刀所费时间较多，所以选择切削用量要保证刀具加工完一个零件，或保证刀具使用寿命不低于一个工作班，最少不低于半个工作班。对易损刀具可采用姐妹刀形式，以保证加工的连续性。

（1）背吃刀量 a_p 或侧吃刀量 a_e　背吃刀量 a_p 为平行于铣刀轴线测量的切削层尺寸，单位为 mm。端铣时，a_p 为切削层深度；而圆周铣削时，a_p 为被加工表面的宽度。侧吃刀量 a_e 为垂直于铣刀轴线测量的切削层尺寸，单位为 mm。端铣时，a_e 为被加工表面宽度；而圆周铣削时，a_e 为切削层深度，如图 3-32 所示。

背吃刀量或侧吃刀量的选取主要由加工余量和对表面质量的要求决定。

1）当工件表面粗糙度值 R_a 要求为 12.5~25μm 时，如果圆周铣削加工余量小于 5mm，端面铣削加工余量小于 6mm，粗铣一次，进给量就可以达到要求。但是在余量较大，工艺系统刚性较差或机床动力不足时，可分为两次进给完成。

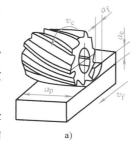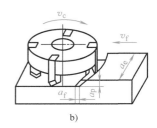

图 3-32　铣削加工的切削用量

2）当工件表面粗糙度值 R_a 要求为 3.2~12.5μm 时，应分为粗铣和半精铣两步进行。粗铣时背吃刀量或侧吃刀量选取同前。粗铣后留 0.5~1.0mm 余量，在半精铣时切除。

3）当工件表面粗糙度值 R_a 要求为 0.8~3.2μm 时，应分为粗铣、半精铣、精铣三步进行。半精铣时背吃刀量或侧吃刀量取 1.5~2mm；精铣时，圆周铣刀侧吃刀量取 0.3~0.5mm，面铣刀背吃刀量取 0.5~1mm。

（2）主轴转速 $n(\text{r/min})$　主要根据允许的切削速度 $v_c(\text{m/min})$ 选取。

$$n = 1000v_c/(\pi D)$$

式中　v_c——切削速度（m/min），由刀具的耐用度决定；

　　　D——工件或刀具直径（mm）。

主轴转速 n 应根据计算值在机床说明书中选取标准值，并填入程序单中。

（3）进给量 f 与进给速度 v_f　切削加工的进给量 $f(\text{mm/r})$ 是指刀具转一周，工件与刀具沿进给运动方向的相对位移量；进给速度 $v_f(\text{mm/min})$ 是单位时间内工件与铣刀沿进给方向的相对位移量。进给速度与进给量的关系为 $v_f=nf$（n 为铣刀转速，单位为 r/min）。进给量与进给速度是数控铣床加工切削用量中的重要参数，根据零件的表面粗糙度、加工精度要求、刀具及工件材料等因素，参考切削用量手册选取，或通过选取每齿进给量 f_z，再根据公式 $f=zf_z$（z 为铣刀齿数）计算。

每齿进给量 f_z 的选取主要依据工件材料的力学性能、刀具材料、工件表面粗糙度等因素。工件材料强度和硬度越高，f_z 越小；反之则越大。硬质合金铣刀的每齿进给量高于同类高速钢铣刀。工件表面粗糙度要求越高，f_z 就越小。每齿进给量的确定可参考表 3-1 选取。工件刚性差或刀具强度低时，应取较小值。

表 3-1 铣刀每齿进给量参考值

工件材料	f_z/mm			
	粗铣		精铣	
	高速钢铣刀	硬质合金铣刀	高速钢铣刀	硬质合金铣刀
钢	0.10~0.15	0.10~0.25	0.02~0.05	0.10~0.15
铸铁	0.12~0.20	0.15~0.30		

在选择进给量时，还应注意零件加工中的某些特殊因素。比如在轮廓加工中，选择进给量时，应考虑轮廓拐角处的"超程"问题。特别是在拐角较大、进给速度较高时，应在接近拐角处适当降低速度，在拐角后逐渐升速，以保证加工精度。

以加工图 3-33 所示零件为例，铣刀由 A 点运动到 B 点，再由 B 点运动到 C 点。如果速度较高，由于惯性作用，在 B 点可能出现超程现象，将拐角处的金属多切去一部分；而在加工外型面时，可能在 B 点处留有多余的金属未切去。为了克服这种现象，可在接近拐角处适当降低速度。这时可将 AB 段分成 AA' 和 $A'B$ 两段，在 AA' 段使用正常的进给速度，$A'B$ 段用低速度。低速度的具体值，要根据具体机床的动态特性和超程允差决

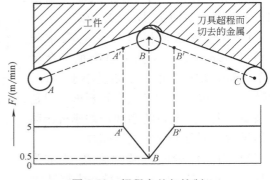

图 3-33 超程允差与控制

定。机床动态特性是机床出厂时由制造厂提供给用户的一个"超程表"中给出的，也可由用户自己通过实验确定。超程表中应给出不同进行速度时的超程量。超程允差主要根据零件的加工精度决定，其值可与程序编制允差相等。

低速度段的长度，即图 3-33 中 $A'B$ 段的长度，由机床动态特性决定。由正常进给速度变成拐角处低速度的过渡过程时间，应小于刀具由 A' 点移动至 B 点的时间。

（4）切削速度 v_c 铣削的切削速度 v_c 与刀具的使用寿命、每齿进给量、背吃刀量、侧吃刀量以及铣刀齿数成反比，而与铣刀直径成正比。其原因是当 f_z、a_p、a_e 和 z 增大时，切削刀刃负荷增加，同时工作齿数也增多，使切削热增加，刀具磨损加快，从而限制了切削速度的提高。为提高刀具使用寿命，允许使用较低的切削速度。但是加大铣刀直径，可改善散热条件，提高切削速度。

铣削加工的切削速度 v_c 可参考表 3-2 选取，也可参考有关切削用量手册中的经验公式通过计算选取。

表 3-2 铣削加工的切削速度参考值

工件材料	硬度/HBW	v_c/(m/min)	
		高速钢铣刀	硬质合金铣刀
钢	<225	18~42	66~150
	225~325	12~36	54~120
	325~425	6~21	36~75

（续）

工件材料	硬度/HBW	$v_c/(m/min)$	
		高速钢铣刀	硬质合金铣刀
铸铁	<190	21~36	66~150
	190~260	9~18	45~90
	260~320	4.5~10	21~30

加工过程中，由于切削力的作用，机床、工件、刀具系统产生变形，可能使刀具运动滞后，从而在拐角处可能产生"欠程"。因此，拐角处的欠程问题，在编程时应给予足够重视。此外，还应充分考虑切削的自然断屑问题，通过选择刀具几何形状和对切削用量的调整，使排屑处于最顺畅状态，严格避免长屑缠绕刀具而引起故障。

七、数控编程的误差控制

数控编程的误差主要由三部分组成：

1. 逼近误差

这是用近似方法逼近零件轮廓时所产生的误差，也称为一次逼近误差。生产中经常需要仿制已有零件的备件而又无法测绘零件外形的准确数学表达式，这时只能实测一组离散点的坐标值，用样条曲线或曲面拟合后编程。近似方程所表示的形状与原始零件之间有误差，即为逼近误差。

2. 插补误差

这是用直线段或圆弧段逼近零件轮廓曲线所产生的误差，也称为二次逼近误差。减少这一误差的最简单的方法是加密插补点。但这样会增加程序段的数量，占用计算机更多的内存。

3. 圆整误差

数控机床的最小位移量是脉冲当量，小于一个脉冲当量的数据只能用四舍五入的办法处理，此即为圆整误差，其最大值为脉冲当量的一半。

数控加工误差中，除了编程误差之外，还有很多其他误差，如控制系统误差、传动系统误差、零件定位误差、对刀误差、刀具磨损误差以及工件变形误差等。其中传动系统误差与定位误差是加工误差的主要来源，它由系统结构本身的精度所决定。要控制整个加工误差，只能允许编程误差占一小部分，即程序误差一般控制在零件公差的 1/10~1/5 以内。

八、数控加工工艺分析实例

1. 轴类零件的数控车削工艺分析

图 3-34 所示为典型轴类零件。该零件的材料为 LY12，毛坯尺寸为 φ22mm×95mm，无热处理和硬度要求，试对该零件进行数控车削工艺分析。

（1）零件图工艺分析　该零件表面由圆柱、圆锥、凸圆弧、凹圆弧及螺纹等表面组成。零件材料为 LY12，毛坯尺寸为 φ22mm×95mm，无热处理和硬度要求。

（2）选择设备　根据被加工零件的外形和材料等条件，选用 CK6140 数控车床。

（3）确定零件的定位基准和装夹方式

1）确定坯料轴线和左端面为定位基准。

2）装夹方法采用自定心卡盘自定心夹紧。

（4）确定加工顺序及进给路线 加工顺序按先车端面，然后遵循由粗到精、由近到远（由右到左）的原则，即先从右到左粗车各面（留0.5mm精车余量），再从右到左精车各面，最后切槽、车削螺纹、切断。

（5）刀具选择 刀具材料为W18Cr4V。

将所选定的刀具参数填入数控加工刀具卡片中（表3-3）。

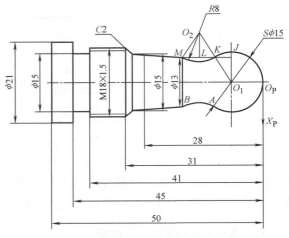

图3-34 典型轴类零件

表3-3 数控加工刀具卡片

产品名称或代号		×××	零件名称	典型轴	零件图号	×××
序号	刀具号	刀具规格名称	数量	加工表面		备注
1	T01	右手外圆偏刀	1	粗车外轮廓表面		20mm×20mm
2	T02	右手外圆偏刀	1	精车外轮廓表面		20mm×20mm
3	T03	60°外螺纹车刀	1	精车轮廓及螺纹		20mm×20mm
4	T04	切槽刀	1	切4mm槽、切断		$B=4$mm，20mm×20mm
编制	×××	审核	×××	批准	×××	共 页 第 页

（6）确定切削用量 根据被加工表面的质量要求、刀具材料和工件材料，参考切削用量手册或有关资料选取切削速度与每转进给量，然后利用公式 $n=1000v_c/(\pi D)$、$v_f=nzf_z$ 计算主轴转速和进给速度，最后根据实践经验进行修正，计算结果填入表3-4工序卡中。

综合前面分析的各项内容，并将其填入表3-4所示的数控加工工艺卡片。

2. 平面凸轮的数控铣削工艺分析

图3-35所示为槽形凸轮零件。在铣削加工前，该零件是一个经过加工的圆盘，圆盘直径为 $\phi280$mm，带有两个基准孔 $\phi35$mm 及 $\phi12$mm。$\phi35$mm 及 $\phi12$mm 两个定位孔，A 面已在前面加工完毕，本工序是在数控铣床上加工槽。该零件的材料为HT200，试分析其数控铣削加工工艺。

（1）零件图工艺分析 该零件凸轮轮廓由 HA、BC、DE、FG 和直线 AB、HG 以及过渡圆弧 CD、EF 组成。组成轮廓的各几何元素关系清楚，条件充分，所需要基点坐标容易求得。凸轮内外轮廓面对 A 面有垂直度要求。材料为铸铁，切削工艺性较好。

表 3-4　轴的数控加工工艺卡片

单位名称		×××	产品名称或代号		零件名称	零件图号
			×××		轴 2	×××
工序号		程序编号	夹具名称	使用设备		车间
001		×××	自定心卡盘	CK6140 数控车床		数控中心
工步号	工步内容 （单位：mm）	刀具号	刀具规格/ mm	主轴转速/ （mm/min）	进给速度/ （mm/min）	背吃刀量/ mm	备注
1	从右至左粗车各面	T01	20×20	800	100	2	
2	从右至左精车各面	T02	20×20	1500	80	0.5	
3	切槽	T04	20×20	400	30		
4	车 M18×15 螺纹	T03	20×20	300	15mm/r		
5	切断	T04	20×20	400	30		
编制	×××	审核	×××	批准	×××	年　月　日	共　页　　第　页

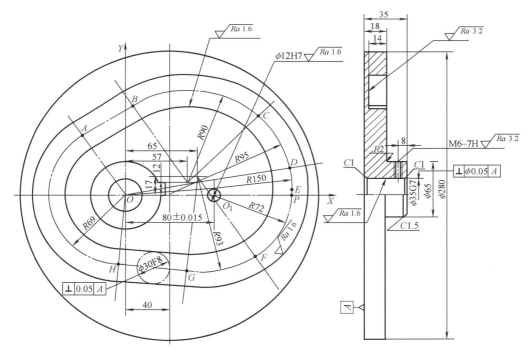

图 3-35　槽形凸轮零件

根据分析，采取以下工艺措施：

凸轮内外轮廓面对 A 面有垂直度要求，只要提高装夹精度，使 A 面与铣刀轴线垂直，即可保证。

（2）选择设备　加工平面凸轮的数控铣削，一般采用两轴以上联动的数控铣床，因此首先要考虑的是零件的外形尺寸和重量，使其在机床的允许范围以内。其次考虑数控机床的精度是否能满足凸轮的设计要求。最后，看凸轮的最大圆弧半径是否在数控系统允许的范围之内。根据以上三条即可确定所要使用的数控机床为两轴以上联动的数控铣床。

（3）确定零件的定位基准和装夹方式

1）定位基准采用"一面两孔"定位，即用圆盘 A 面和两个基准孔作为定位基准。

2）根据工件特点，用一块 320mm×320mm×40mm 的垫块，在垫块上分别精镗 $\phi35$mm 及 $\phi12$mm 两个定位孔（当然要配定位销），孔距为 80±0.015mm，垫板平面度公差为 0.05mm。在加工该零件前，先固定夹具的平面，使两定位销孔的中心连线与机床 X 轴平行；夹具平面要保证与工作台面平行，并用百分表检查，如图 3-36 所示。

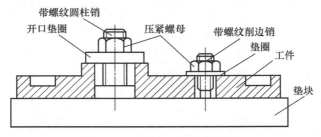

图 3-36　凸轮加工装夹示意图

（4）确定加工顺序及走刀路线　整个零件的加工顺序按照基面先行、先粗后精的原则确定。因此应先加工用作定位基准的 $\phi35$mm 及 $\phi12$mm、A 面，然后再加工凸轮槽内外轮廓表面。在这里分析加工槽的走刀路线。走刀路线包括平面内进给走刀和深度进给走刀两部分。平面内的进给走刀，对外轮廓是从切线方向切入；对内轮廓是从过渡圆弧切入。在数控铣床上加工时，对铣削平面槽形凸轮，深度进给有两种方法：一种是在 A（或 A）平面内来回铣削，逐渐进刀到既定深度；另一种是先打一个工艺孔，然后从工艺孔进刀到既定深度。

进刀点选在 P（150，0）点，刀具来回铣削，逐渐加深到铣削深度。当达到既定深度后，刀具在 A 平面内运动，铣削凸轮轮廓。为了保证凸轮轮廓表面有较高的表面质量，采用顺铣方式，即从 P 点开始，对外轮廓按顺时针方向铣削，对内轮廓按逆时针方向铣削。

（5）刀具的选择　根据零件结构特点，铣削凸轮槽内、外轮廓（即凸轮槽两侧面）时，铣刀直径受槽宽限制，同时考虑铸铁属于一般材料，加工性能较好，故选用 $\phi18$mm 硬质合金立铣刀，见表 3-5。

表 3-5　数控加工刀具卡片

产品名称或代号		×××	零件名称	槽形凸轮	零件图号	×××
序号	刀具号	刀具规格名称/mm	数量	加工表面		备注
1	T01	$\phi18$ 硬质合金立铣刀	1	粗铣凸轮槽内外轮廓		
2	T02	$\phi18$ 硬质合金立铣刀	1	精铣凸轮槽内外轮廓		
编制	×××	审核	×××	批准	×××	共　页　第　页

（6）切削用量的选择　凸轮槽内、外轮廓精加工时留 0.2mm 的铣削用量。确定主轴转

速与进给速度时，先查切削用量手册，确定切削速度与每齿进给量，然后利用公式 $n = 1000v_c/(\pi D)$、$v_f = nzf_z$ 计算主轴转速和进给速度。

（7）填写数控加工工序卡片（表3-6）。

表 3-6　槽形凸轮的数控加工工序卡片

单位名称		×××		产品名称或代号	单位名称	零件图号
				×××	槽形凸轮	×××
工序号		程序编号		夹具名称	使用设备	车间
×××		×××		螺旋压板	XK5025	数控中心
工步号	工步内容		刀具号	刀具规格/mm	主轴转速/（r/min）	进给速度/（m/min）	背吃刀量/mm	备注
1	来回铣削，逐渐加深铣削深度		T01	φ18	800	60		分两层铣削
2	粗铣凸轮槽内轮廓		T01	φ18	700	60		
3	粗铣凸轮槽外轮廓		T01	φ18	700	60		
4	精铣凸轮槽内轮廓		T02	φ18	1000	100		
5	精铣凸轮槽外轮廓		T02	φ18	1000	100		
编制	×××	审核	×××	批准	×××	年　月　日	共　页	第　页

思考题与习题

3-1　试述数控加工工艺的特点。

3-2　数控加工工艺处理有哪些内容？

3-3　哪些类型的零件最适宜在数控机床上加工？零件上的哪些加工内容适宜采用数控加工？

3-4　对数控加工零件作工艺性分析包括哪些主要内容？

3-5　在数控工艺路线设计中，应注意哪些问题？

3-6　什么是数控加工的走刀路线？确定走刀路线时通常都要考虑什么问题？

3-7　解释名词：对刀点、刀位点、换刀点、机床零点、参考点。

3-8　为什么编程允许误差只能取零件公差的 10%～20%？

第四章

数控系统操作知识

第一节 概　　述

数控机床操作知识的学习，大致分为以下几方面：

（1）操作面板知识　数控机床所提供的各种功能是通过控制面板上的键盘操作得以实现的，因此，学习数控机床操作，需了解操作面板上各种键的使用方法。如同计算机操作知识学习中需了解键盘的使用方法一样。

（2）加工准备知识　在实现零件的数控加工前，需对一些加工参数进行设置，如刀具补偿值、零点偏置值、进给率、主轴数据等。

（3）程序管理知识　包括程序编辑、复制、删除等。

（4）几种数控机床操作模式的内容及实现方法的知识　数控操作分为 JOG、MDA 以及 Automatic 三种模式。

对于熟悉计算机操作的人员来讲，操作面板知识与程序管理知识的学习都将是一件容易的事情，这些内容的学习主要是通过对实际数控系统的操作来掌握的，本章对这两部分内容仅给出简要介绍，以使读者对此有一个大致的了解。对于加工准备知识的内容本章着重给出有关概念的解释，以使读者了解为什么以及怎样设置这些参数。本章将重点介绍数控机床的 JOG、MDA 以及 Automatic 三种模式，这也是数控机床操作的主要内容。

视频讲解

西门子数控
系统介绍

本章以 SIEMENS 810D/840D 系统为例，介绍数控机床的操作知识。

第二节　数控机床的操作面板

数控系统为数控机床提供了较完善的软硬件资源，以满足不同数控机床的性能要求。数控机床的操作可以通过数控系统提供的"人机对话界面"——显示器、CNC 面板、机床控制操作面板上相关的软、硬按键的有序操作来实现。

对于数控机床操作控制的基本要求是，必须熟练掌握各个软硬按键的功能，并根据实际生产要求正确使用这些按键，这样才能充分利用数控机床的功能。

图 4-1 所示为 SIEMENS 828D 数控系统所提供的典型的"人机对话界面"。该数控系统广泛应用于数控镗床、数控铣床、数控车床及小型的数控加工中心等。图 4-1 所示的"人机

对话界面"由以下几部分组成：

（1）水平软键和垂直软键　如图 4-1 中①、②所示，显示器及其附近有八个水平软键和八个垂直软键。显示器可显示刀具的实际位置、加工程序、坐标系、刀具参数、机床参数、报警信息等。显示的内容可通过这些软键来控制。

所谓"软键"是指功能不确定，其含义显示于当前屏幕对应软键的位置。在一个主功能下可能有多个子功能，子功能键往往以软键的形式存在。开机操作时，首先选择主功能。常见的主功能有自动加工、手动操作、程序管理、手动数据输入等。进入主功能后，再通过软键选择下级子功能。

（2）字符键区　如图 4-1 中⑥所示，包括数字键和字母键。它主要完成以下功能：

1）程序修改、光标控制及输入键区。在数控程序输入时，可通过这些键进行插入、删除、光标移动等。

2）机床控制操作面板。机床控制操作面板由进给控制键、主轴控制键、自动加工方式键、急停开关等组成。在该操作面板上，可控制各轴快速进给、切削进给，控制主轴正转、反转、停止，控制主轴速度、切削进给速度等。

（3）USB、CF 卡和以太网端口　如图 4-1 中④所示，用于连接外置存储介质、鼠标或者键盘。

（4）LED 状态指示灯　如图 4-1 中⑤所示。

图 4-1　SIEMENS 828D 系统操作面板

数控操作系统中的显示器用于显示数控机床多种状态下的各种信息和数据，其屏幕显示区域的划分如图 4-2 所示。

如图 4-2 所示，屏幕显示基本划分为 12 个区域。其意义如下：

（1）当前操作状态显示　一般常用的有四种操作状态，即：

1）Machine：机床加工状态，该状态下可执行工件程序及手动控制操作。

2）Parameters：设置参数状态，该状态下可设置一些程序或刀具管理的数据。

3）Program：程序编辑状态，生成、修改工件加工程序。

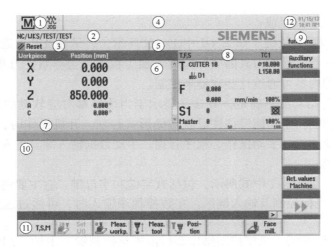

图 4-2　屏幕显示区域的划分

4) Diagnosis：诊断服务状态，报警信息显示及服务显示。

（2）加工程序路径和名称

（3）通道状态显示区域　一般有三种状态，即：

1) Channel Reset：通道复位状态。

2) Channel Interrupted：通道中断状态。

3) Channel Active：通道激活状态。

（4）报警提示显示区域

（5）通道名称显示区域　channel 1，channel 2，…，channel n 等。

（6）加工窗口显示区域

（7）激活零点和旋转的显示

（8）显示　T＝激活刀具；F＝当前进给速度；S1＝实际主轴转速；Master＝主轴负载百分比系数

（9）垂直软键栏（VSK）

（10）工作窗口

（11）水平软键栏（HSK）

（12）日期和时间

第三节　数控机床的加工准备

一、返回参考点操作

1. 什么是参考点

机床参考点可以通过参数设置偏离机床零点一定距离，若该参数为零，则机床参考点与机床零点重合。

机床（机械）零点是数控机床上的一个固定基准点，一般位于机床移动部件（刀架、工作台等）沿其坐标轴正向移动的极限位置。该点在机床出厂时调好，一般不允许随意变动。返回参考点操作可使机床移动部件沿其坐标轴方向退到机床参考点位置。

2. 返回参考点的目的

一般机床采用增量式测量系统，机床一旦断电，机床机械原点的坐标值即丢失，故当再次接通数控电源后，操作者必须首先进行返回参考点的操作。一般数控机床说明书规定，开机后先返回参考点，再进行对刀、自动加工等操作。这是因为开机后返回参考点可消除屏幕显示的随机动态坐标，使机床有个绝对的坐标基准。在连续重复加工以后，返回参考点可消除进给运动部件的坐标累积误差。机床在操作过程中遇到急停信号或超程报警信号后，将伺服系统的"使能"信号切断，轴处于自由状态，位置信息丢失，所以待故障排除后，机床恢复正常工作时，也必须进行返回参考点的操作。

二、刀具参数

在加工程序执行自动运行之前，必须通过面板操作，设定刀具的半径、长度补偿值，以便加工程序中用半径补偿指令（G41、G42、G40）和长度补偿指令（G56）调用其值。刀具补偿功能的作用主要在于简化编程，即在编程时可以只按零件轮廓进行编制。在加工前，操作者测量实际的刀具长度、半径和确定补偿正负符号，作为刀具补偿参数输入数控系统，使得由于换刀或刀具磨损带来刀具尺寸参数变化时，虽照用原程序，却仍能加工出合乎尺寸要求的零件轮廓。

1. 车刀参数

对车刀而言，刀具参数指刀偏量（刀具偏置量或位置补偿量）、刀尖半径和刀尖位置。

（1）刀偏量设置的目的　数控车床刀架内有一个刀具参考点（基准点），如图4-3中的"＊"。数控系统通过控制该点运动，间接地控制每把刀的刀尖运动。而各种形式的刀具安装后，每把刀的刀尖在两个坐标方向的位置均不同，所以测出刀尖相对刀具参考点的距离即刀偏量（X'，Z'），并将其输入CNC刀具数据库。在加工程序调用刀具时，系统会自动

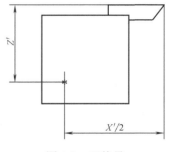

图 4-3　刀偏量

补偿两个方向的刀偏量（刀具位置补偿），从而准确控制每把刀的刀尖轨迹。

（2）刀尖位置　图4-4所示为九种刀尖圆弧位置，操作者需根据情况，将其刀尖号输入到数控系统中。

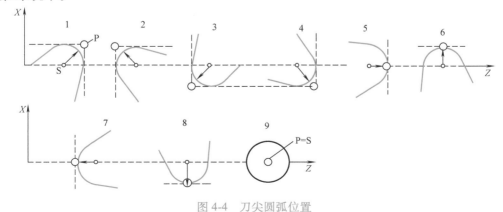

图 4-4　刀尖圆弧位置

P—假想刀尖　S—刀尖中心　1~9—刀尖号

2. 铣刀参数

对数控铣床而言，刀具参数指铣刀直径（或半径）、铣刀长度。当程序调用刀具半径、长度补偿指令时，系统自动进行刀具的半径和长度补偿。

在数控机床进行轮廓加工时，因为刀具具有一定的半径，所以刀具中心（刀心）轨迹和工件轮廓不重合。若数控装置不具备刀具半径自动补偿功能，则只能按刀心轨迹进行编程。其数据计算有时相当复杂，当刀具磨损、重磨、换新刀而导致刀具直径变化时，还必须重新计算刀心轨迹，修改程序，这样既繁琐，又不易保证加工精度。当数控系统具备刀具半径自动补偿功能时，编程只需按工件轮廓线进行，数控系统全自动计算刀心轨迹坐标，使刀具偏离工件轮廓一个半径值，即进行半径补偿。

在数控立式铣镗床上，当刀具磨损或更换刀具使 Z 向刀尖不在原初始加工的编程位置时，必须在 Z 向进给中，通过伸长或缩短一个偏置值的办法来补偿其尺寸的变化，以保证加工深度仍然达到原设计位置。这就是刀具长度补偿的意义。

第四节 程序管理操作

在程序管理主功能状态下，可进行程序的检索、编辑、删除、更名、存储等操作。

一、程序检索

程序的检索指寻找系统内存的某一个加工程序。

二、选择工件/零件程序

通过选择"程序"操作区域，可显示 NC 中所有的工件、主程序和子程序，如图 4-5 所示。

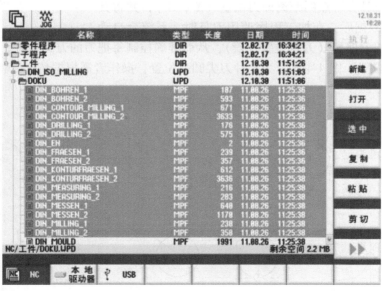

图 4-5 程序的基本显示

三、工件/零件程序的处理

可以通过光标选择要加工工件的程序进行加工，也可以根据需要，打开程序进行观察和编辑。

四、复制、粘贴、更名、删除

选择"程序"操作区域，将光标定位到目录树中所要求的文件上，可进行文件的复制、粘贴、更名和删除。

第五节　操作模式

数控机床的操作模式主要有以下三种：

（1）JOG 模式　即手动进给操作模式。在此模式下，可通过手动控制机床各轴的进给运动。

（2）MDA 模式　即手动数据自动执行模式。该功能允许手动输入一个命令或程序段的指令，并像自动加工那样，马上启动运行。例如，输入 S1000 M03 可启动主轴运转。但用 MDA 模式一次只能输入一个程序段。当后一个程序段运行时，前一个程序段即被消除。输入的程序段不能存盘保留。

（3）Automatic 模式　即自动模式。在此模式下，可以自动执行用户的数控程序，也可进行图形模拟加工。

机床操作者可根据需要，通过机床操作面板选择上述的一种操作模式进行工作。下面分别介绍三种模式的操作方法。

一、JOG 操作模式

JOG 模式用于机床的手动调整，可对刀具和工件进行手动移动。在该种工作模式下，可进行以下两项工作：

1）调整机床，也就是手动控制机床各轴的移动，控制动作通过机床操作面板上的按键或手轮（手摇脉冲发生器）实现。

2）在零件程序中断期间，手动控制机床各轴的移动。JOG 模式下，机床各轴的移动可以两种方式进行控制。一种是点动控制方式，机床操作者可设置一增量尺寸，每按一次坐标进给键，所选择的轴相对于当前位置移动一给定的距离（即设置的增量尺寸）。另一种为连续进给方式，只要操作者按下坐标进给键，所选择的轴即处于连续运动状态，直到松开坐标进给键，运动才会停止。此外，各轴可同时运动，也可单独运动，其方式可由操作者设定。

机床操作者可通过软键或机床操作面板上的"JOG 键"进入 JOG 控制模式，其基本显示如图 4-6 所示。

由图 4-6 可见，机床各轴的位置、进给速度、刀具和主轴的参数都被显示在操作屏幕上。

机床各轴的位置可以以机床坐标系统的形式显示，也可以以工件坐标系统的形式显示。显示的主轴参数包括主轴转速、主轴位置以及主轴转速修调值；显示的进给速度包括设置的

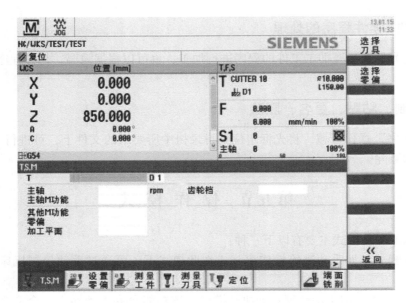

图 4-6　JOG 的基本显示

进给速度、实际的进给速度以及进给速度的修调值；显示的刀具参数为当前使用的刀具的参数。上述显示内容如图 4-7 所示。

其中，T 表示激活刀具的名称；F 显示当前加工的有效进给速度（顶部：实际进给速度），同时显示编程设定的进给速度（底部）和进给速度倍率（%）；S 显示当前加工的有效主轴转速（顶部：实际转速），同时显示编程设定的主轴转速（底部）和转速倍率（%）。

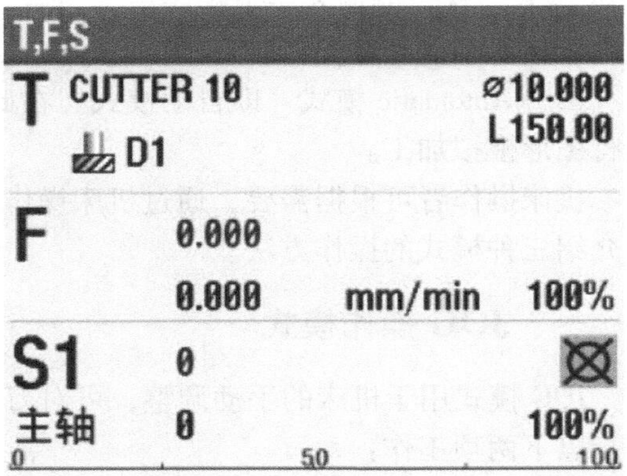

二、MDA 操作模式

图 4-7　T、F、S 和主轴数据的显示区

MDA（Manual Data Automatic），即手动数据自动执行模式。该模式允许手动输入一个命令或程序段的指令，并像自动加工那样，马上启动运行。该模式主要用于机床位置的调整。用 MDA 模式一次只能输入一个程序段。MDA 的基本显示如图 4-8 所示。

在图 4-8 中，除了与 JOG 基本显示相同的内容外，还增加了一个 MDA 缓冲器的显示，显示了当前储存在缓冲器中的程序段。

屏幕周围的软键主要有以下几种：

（1）G 功能　将显示最重要的 G 代码功能。

（2）辅助功能　将显示可使用的辅助功能。

（3）删除程序段　可删除输入的程序段。

（4）实际值 MCS　可从机床坐标系（MCS）转换到工件坐标系（WCS）。

（5）载入 MDA　将打开"载入 MDA"程序管理窗口，如图 4-9 所示。按机床控制面板

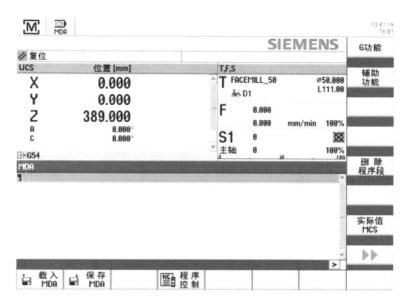

图 4-8　MDA 的基本显示

95

上的"CYCLE START"按钮，可以编辑或者执行已经载入 MDA 缓存的程序。

图 4-9　"载入 MDA"程序管理窗口

（6）保存 MDA　将打开"从 MDA 中存储：选择存储位置"程序管理窗口，如图 4-10 所示。按垂直方向软键"新建目录"，可在"本地驱动器"文件夹中新建目录。此时打开一个输入框，可在其中输入新建目录的名称。按垂直方向软键"确认"新建目录，或者按"取消"取消操作。

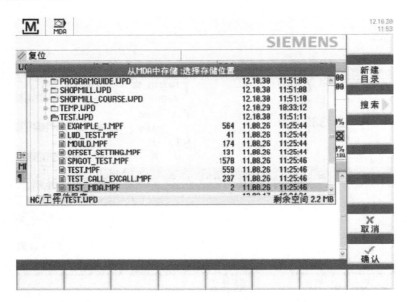

图 4-10　"从 MDA 中存储：选择存储位置"程序管理窗口

三、Automatic 操作模式

在自动模式下，可以全自动地处理加工零件程序。在执行程序的自动加工之前应已完成以下操作：

1）加工程序进入 CNC 系统，一个零件加工程序可通过 USB、RS-232 接口、操作者面板或示教方式（Teach in）获得。

2）参数设置操作。输入刀具长度、半径、位置补偿值。

3）回零操作。若程序中指令回零，则不必进行手动回零。

4）设置工件零点（置零）操作。若程序中指令设置，则不必进行手动设置。

5）必要的安全互锁装置已被激活。

自动加工程序操作的一般步骤如下：

1）进入自动加工功能状态。

2）选择自动加工模式。

3）选择需运行的程序。

4）启动自动加工循环。

5）重复执行自动循环或退出。

在选择自动加工模式后，屏幕显示如图 4-11 所示。

自动加工页面的显示内容包括动态坐标值、坐标轴、加工程序、主轴参数、刀具状态及进给速度。

屏幕周围的软键主要有以下几种：

（1）G 功能　将显示最重要的 G 功能。

（2）辅助功能　将显示可使用的辅助功能。

（3）基本程序段　将显示触发功能的所有 G 代码指令。在机床上试运行和实际加工工件时都会更新显示。

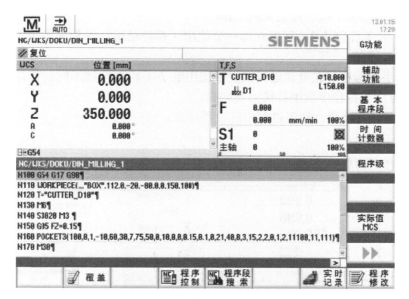

图 4-11　自动加工基本显示页面

（4）时间计数器　可显示程序运行时间、剩余程序运行时间和加工的工件数量。

（5）程序级　可在执行包含多个子程序的大型程序期间显示当前程序等级。

（6）实际值 MCS　可从机床坐标系（MCS）转换到工件坐标系（WCS）。

（7）覆盖　程序在自动模式运行中，可采用覆盖存储功能，实现人工干预的操作，即在程序执行过程中临时插入一段程序，并运行该程序。

"覆盖"的程序：

1）在自动运行模式中打开某个程序，然后按"覆盖"，显示"覆盖"窗口，如图 4-12 所示。

2）输入规定的数据和数控程序段。

3）按机床控制面板上的"CYCLE　START"按钮，输入的程序段已经保存，可在"覆盖"窗口中观察执行情况。在执行输入的程序段之后，可再次添加程序段。

4）按"返回"。关闭"覆盖"窗口。

5）再次按机床控制面板上的"CYCLE　START"按钮，覆盖操作之前选择的程序继续运行。

（8）程序控制　将打开用于控制程序运行的工作窗口。

在图 4-13 右下的"程序控制"界面中，可选择以下程序控制选项：

1）PRT：程序测试，程序执行期间没有辅助功能输出和暂停时间。在该模式中，没有轴运动。

2）DRY：空运行进给，结合 G1、G2、G3 在程序中设定的移动速度由定义的空运行进给速度替代。空运行进给也将替代程序设定的旋转进给速度。

3）RG0：快速倍率有效，在快速横移模式下，轴的横向速度减小到 RG0 中输入的百分比。

4）M01：有条件停止 1，程序在每一个使用辅助功能"M01"的程序段中停止执行。这样就能够检查工件加工期间已经完成的工作。

5）M201：有条件停止2，程序在每一个使用"循环结束"的程序段中停止执行（例如"M201"）。

6）DRF：手轮偏移，在自动运行模式中使用电子手轮进行加工时，启用附加增量零点偏移。该功能可用于在程序段中补偿刀具磨损。

7）SKP：跳转程序段，加工过程中跳过程序段。

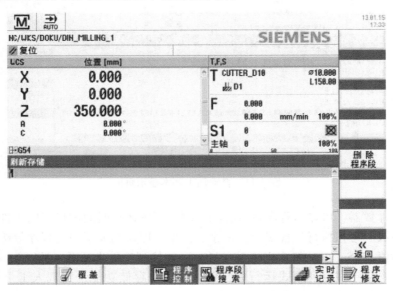

图 4-12　覆盖显示页面

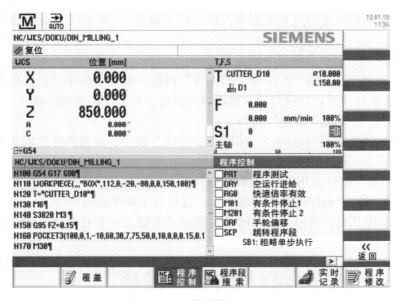

图 4-13　程序控制显示页面

（9）程序段搜索　将打开程序段搜索窗口，如图4-14所示。

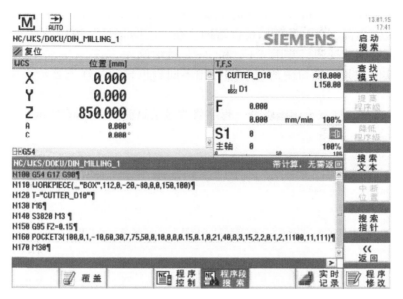

图 4-14　程序段搜索显示页面

99

　　如果只需在机床上执行一部分程序，而无需从头执行该程序，也可从指定的程序段开始执行该程序。该功能可用于停止或者中断执行程序，以及指定目标位置（例如在加工期间）。

　　（10）实时记录　可在加工工件之前或者期间在屏幕上以图形方式显示程序的执行，以便监控编程结果。实时记录显示页面如图 4-15 所示。可用空运行进给速度替代编程设定的进给速度，以影响执行的速度。

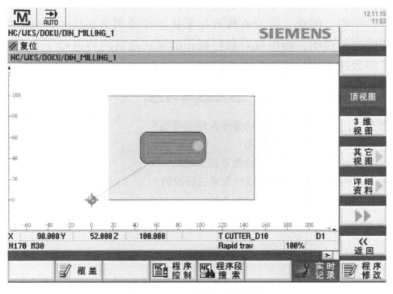

图 4-15　实时记录显示页面

如果已经开始加工，还可以开启实时记录。也可在工件加工期间使用实时记录。如果冷却液妨碍观察机箱内部，该功能可以提供帮助。在"实时记录"窗口的每一个不同视图中，可使用蓝色光标键调节视图，并用"+"和"−"键缩放。

刀具在"实时记录"窗口中的移动路径用不同颜色显示：红色表示快速行程，绿色表示进给运动。

（11）程序修改　打开程序编辑器。程序修改显示页面如图 4-16 所示。

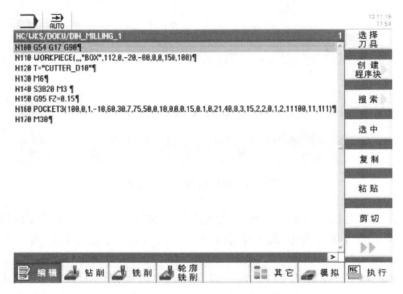

图 4-16　程序修改显示页面

以上数控操作知识的学习需要今后通过实际操作来掌握。本章学习的目的并非让读者掌握数控系统的操作知识，因此，并没有像数控系统操作说明书那样，对每种控制方式实现的步骤，包括对按键进行说明，而仅仅对数控操作的模式及其内容进行了介绍。通过这些内容的学习使读者了解数控系统的功能和操作知识。

思考题与习题

4-1　数控操作分为几种模式？其各自的操作内容有哪些？

4-2　数控操作面板中的软键起什么作用？

4-3　数控加工程序运行前，为什么要设置刀具参数？

4-4　JOG 模式下，机床各轴的移动以哪些方式进行控制？

4-5　自动加工模式下，程序的运行方式有几种？

典型的计算机数控系统介绍

第一节 概 述

一、CNC 系统的组成

数控在机床领域是指用数字化信号对机床运动及其加工过程进行控制的一种方法。计算机数控（Computerized Numerical Control，CNC）系统是以微处理器为核心，采用存储程序的计算机来实现部分或全部数控功能的数控系统。

计算机数控技术已成为数控技术发展的一种趋势，目前美国、德国等国家纷纷推出了基于微机的数控系统，如美国 Delta Tau Data Systems 公司的 PMAC CNC 系统，它可在 IBM-PC 及其兼容机上运行于 Microsoft Windows 下，使得计算机与 PMAC 结合成为一个功能强大的完全开放式的 CNC 控制器。另外，一些著名的数控系统生产厂家，如 SIEMENS、FANUC 也已先后推出了 CNC 数控系统产品。现代数控机床的基本组成如图 5-1 所示。

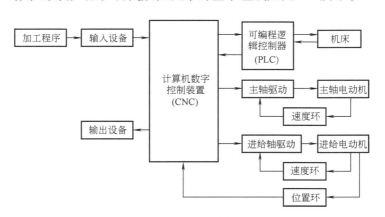

图 5-1　CNC 组成框图

图 5-1 中，输入输出设备用于零件程序的输入、存储、打印、显示等。一般的输入输出设备包括键盘、打印机、CRT 显示屏等。高级的输入输出设备包括自动编程机、CAD/CAM 系统（如 CATIA、UG）等。

可编程逻辑控制器（Programmable Logical Controller，PLC）处于 CNC 装置和机床之间，对 CNC 装置和机床的输入、输出信号进行处理，用 PLC 程序代替以往的继电器线路，实现 M、S、T 功能的控制和译码。即按照预先规定的控制逻辑对主轴的起停、转向、转速，刀具的更换，工件的夹紧、松开，液压、气动、冷却、润滑系统的运行等进行控制。

主轴驱动装置控制主轴的旋转运动，而进给驱动装置控制机床各坐标轴的切削进给运动。

二、CNC 系统的优点

1. 灵活性

由于采用了计算机技术，硬件、软件设计采用模块化结构，只要改变相应的硬件模块，改变相应的控制软件，就可以改变 CNC 系统的功能，从而满足用户不同的使用要求。如美国 PMAC 控制器可适合于现今普通应用中的多总线结构、电动机类型、反馈元件以及指令数据结构，每一个轴允许电动机和反馈元件的不同组合，其电动机类型既可以是步进电动机、直流电动机，也可以是交流电动机，其反馈元件既可以是增量编码器、旋转变压器，也可以是激光干涉仪。

2. 可靠性

随着大规模集成电路、超大规模集成电路芯片技术的发展，硬件使用的元器件数量少、质量高，可靠性获得了极大的提高。

3. 通用性

硬件结构采用模块之后，能很方便地进行扩展，且可依靠软件模块的增减变化来满足各种数控机床的不同要求。

用一种 CNC 系统按照不同的软硬模块结构进行组合，能够满足多种机床的要求。这有利于数控机床的生产，也有利于用户对数控系统的维护保养和操作人员的培训。

4. 丰富的数控功能

利用计算机强大的计算功能可以实现复杂的数控功能，且能够提供大量的辅助功能，可以编制各种子程序及宏命令，从而简化程序的编制。如美国 PMAC 控制器上执行的运动控制语言具有 BASIC 等高级计算机语言的特点，同时它还与 G 代码机床语言兼容，可以直接接收 G 代码命令，并对用户开放，由用户组合成具有各种特殊功能的 G、M 代码。目前开放式 CNC 已经成为 CNC 技术发展的一种潮流，开放式数控系统更能符合用户的要求。

5. 使用维护方便

CNC 系统一般均提供了各种诊断程序，当数控系统出现故障时，能显示故障信息，使操作和维护人员能够及时了解故障原因，减少维修停机时间。

第二节 西门子 840D 简介

西门子 840D 是 20 世纪 90 年代中期设计的全数字化数控系统，具有高度模块化及规范化的结构，它将 CNC 和驱动控制集成在一块板子上，将闭环控制的全部硬件和软件集成在 1cm^2 的空间，便于操作、编程和监控。

840D 与西门子 611D 伺服驱动模块及西门子 S7-300PLC 模块构成的全数字化数控系统，

能实现钻削、车削、铣削、磨削等数控功能，也能应用于剪切、冲压、激光加工等数控加工领域。

840D 系统的主要性能及特点有以下几个方面：

1. 控制类型

采用 32 位微处理器，实现 CNC 控制，可用于系列机床，如车床、钻床、铣床、磨床，可完成 CNC 连续轨迹控制以及内部集成式 PLC 控制。

2. 机床配置

可实现钻、车、铣、磨、切割、冲、激光加工和搬运设备的控制，备有全数字化的 SIMODRIVE 611 数字驱动模块，最多可控制 31 个进给轴和主轴，进给和快速进给的速度范围为 $10 \times 10^{-3} \sim 999 \mathrm{mm/min}$。其插补功能有样条插补、三阶多项式插补、控制值互联和曲线表插补，这些功能为加工各类曲线曲面类零件提供了便利条件。此外还具备进给轴和主轴同步操作的功能。

3. 操作方式

操作方式主要有 AUTOMATIC（自动）、JOG（手动）、TEACH IN（交互式程序编制）、MDA（手动过程数据输入）。其具体内容可参见第四章。

4. 轮廓和补偿

840D 可根据用户程序进行轮廓的冲突检测、刀具半径补偿的接近和退出策略及交点计算、刀具长度补偿、螺距误差补偿和测量系统误差补偿、反向间隙补偿、过象限误差补偿等。

5. 安全保护功能

数控系统可通过预先设置软极限开关的方法，进行工作区域的限制，当超程时可以触发程序进行减速，对主轴运行还可以进行监控。

6. NC 编程

840D 系统的 NC 编程符合 DIN 66025 标准。具有高级语言编程特色的程序编辑器，可进行公制、英制尺寸或混合尺寸的编程，程序编制与加工可同时进行。系统具备 1.5MB 的用户内存，用于零件程序、刀具偏置、补偿的存储。

7. PLC 编程

840D 的集成式 PLC 完全以标准 SIMATIC S7 模块为基础。PLC 程序和数据内存可扩展到 288KB，I/O 模块可扩展到 2048 个输入/输出点。PLC 程序可以极高的采样速率监视数字输入，向数控机床发送运动停止/起动等命令。

8. 操作部分硬件

840D 系统提供有标准的 PC 软件、硬盘、奔腾处理器，用户可在 MS-Windows98/2000 下开发自定义界面。此外，两个通用接口 RS-232 可使主机与外设进行通信，用户还可通过磁盘驱动器接口和打印机并行接口完成程序存储、读入及打印工作。

9. 显示部分

840D 提供了多语种的显示功能，用户只需按一下按钮，即可将用户界面从一种语言转换为另一种语言。系统提供的语言有中文、英语、德语、西班牙语、法语、意大利语。显示屏上可显示程序块、电动机轴位置、操作状态等信息。

10. 数据通信

840D 系统配有 RS-232C/TIY 通用操作员接口，加工过程中可同时通过通用接口进行数据输入/输出。此外，用 PCIN 软件可以进行串行数据通信，通过 RS-232 接口可方便地将 840D 与西门子编程器或普通的个人电脑连接起来，进行加工程序、PLC 程序、加工参数等各种信息的双向通信。用 SINDNC 软件可以通过标准网络进行数据传送，还可以用 CNC 高级编程语言进行程序的协调。

第三节　西门子 840D 数控系统的组成

840D 数控系统在数控机床上应用的典型配置如图 5-2 所示，它由以下几部分组成：

（1）NC 模块　轨迹控制、数据传输、输入/输出管理及人机信息交换管理，它是 840D 的核心模块。

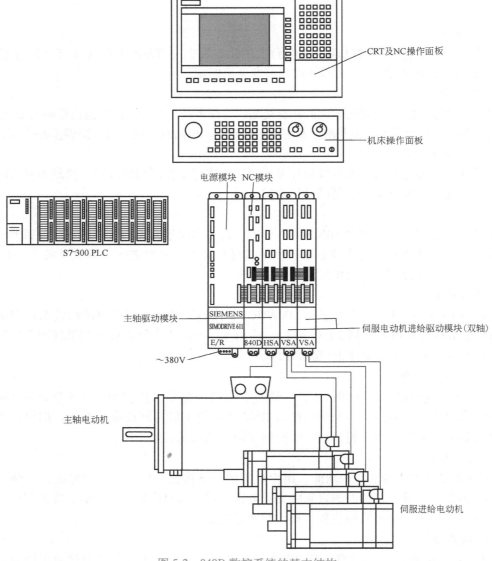

图 5-2　840D 数控系统的基本结构

（2）电源模块　向各个模块提供电源。

（3）主轴驱动模块和伺服电动机进给驱动模块　控制驱动各伺服电动机的运行及反馈信号的处理。

（4）主轴电动机和伺服进给电动机　机床传动的动力。

（5）PLC 模块（S7-300 PLC）NC 与机床外设的信息交换。

（6）MMC 模块　即"人机通信界面"模块。包括显示器、NC 操作面板、机床操作面板、软（硬）磁盘驱动器等接口。

以下分别介绍三个主要模块的使用情况。

一、NC 模块

NC 模块接口端如图 5-3 所示。其中各接口端的意义如下：

（1）X101　操作面板接口端。该端口通过电缆与 MMC（人机通信接口板）及机床操作面板连接。

（2）X102　RS-485 通信接口端。该端口主要是满足西门子 Profibus DP 通信的要求。

（3）X111　PLC S7-300 输入/输出接口端。该端口提供了与 PLC 连接的通道。

（4）X112　RS-232 通信接口端。实现与外部的通信，如要由数个数控机床构成 DNC 系统，实现系统的协调控制，则各个数控机床均要通过该端口与主控计算机通信。

（5）X121　多路输入/输出接口端。通过该端口，数控系统可与多种外设连接，如与控制进给运动的手轮、CNC 输入/输出的连接。

（6）X122　PLC 编程器 PG 接口端。通过该端口与西门子 PLC 编程器 PG 连接，以此将 PG 中的 PLC 程序传

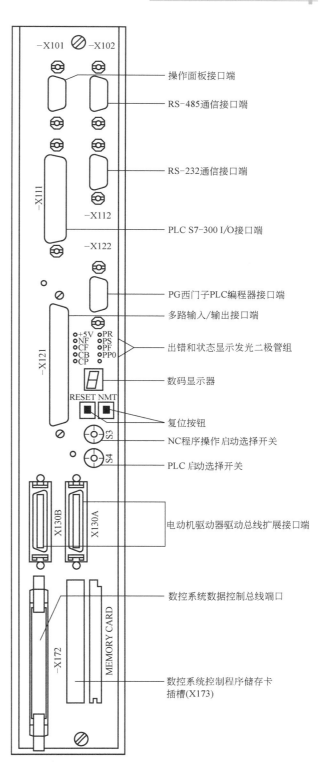

图 5-3　NC 模块接口端

105

输到 NC 模块，或从 NC 模块将 PLC 程序拷贝到 PG 中，另外还可在线实时监测 PLC 程序的运行状态。

（7）X130A、X130B 电动机驱动器 611D 的输入输出扩展端口。通过扁平电缆将驱动总线与各驱动模块连接起来，对各伺服电动机进行控制。

（8）X172 数控系统数据控制总线端口。通过扁平电缆与各相关模块的系统数据控制总线联系起来。

（9）X173 数控系统控制程序储存卡插槽。

二、电源模块

电源模块接口端如图 5-4 所示。其中主要接口端的意义如下：

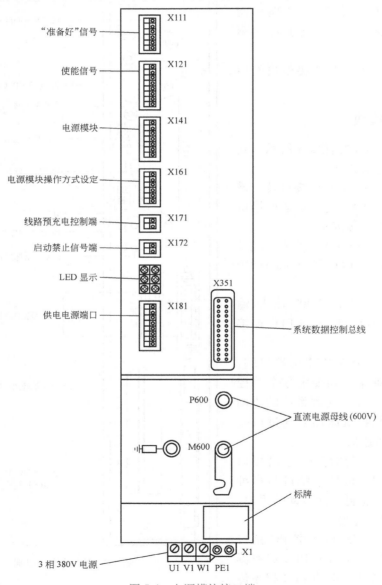

图 5-4 电源模块接口端

（1）X111　　"准备好"信号，由电源模块输出至 PLC 的电源模块，表示电源正常。

（2）X121　　使能信号，由 PLC 输出至电源模块、数控模块，表示外部电路硬件信号正常。

（3）X141　　电源模块电源工作正常输出信号端口。

（4）X161　　电源模块设定操作和标准操作选择端口。

（5）X171　　线圈通电触点，控制电源模块内部线路预充电接触器（一般按出厂状态使用）。

（6）X172　　启动禁止信号端（一般按出厂状态使用）。

（7）X181　　供外部使用的供电电源端口，包括直流电源 600V，三相交流电源 380V。

三、伺服电动机驱动模块

单轴伺服电动机驱动模块（611D）如图 5-5 所示，双轴伺服电动机驱动模块如图 5-6 所示。其中主要接口端的意义如下：

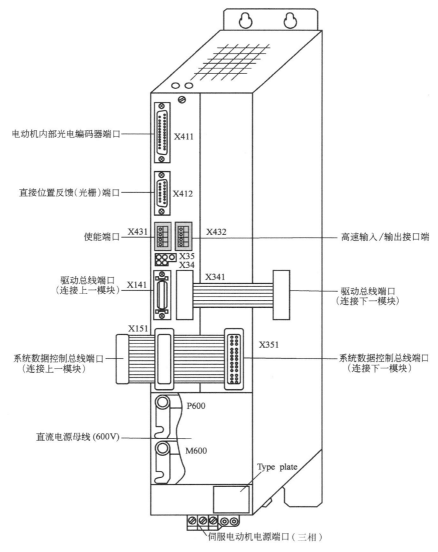

图 5-5　单轴伺服电动机驱动模块（611D）

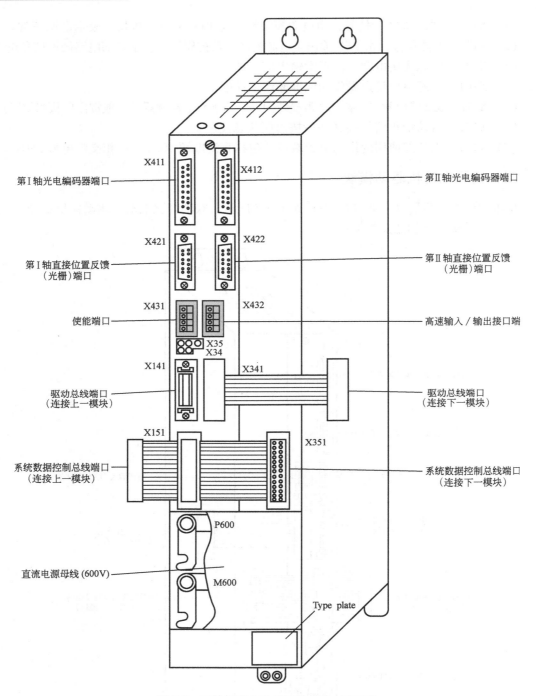

图 5-6 双轴伺服电动机驱动模块（611D）

（1）X411、X412 电动机内置光电编码器反馈至该端口进行位置和速度反馈的处理。

（2）X421、X422 机床拖板直接位置反馈（光栅）端口。

（3）X431 脉冲使能端口。使能信号一般由 PLC 给出。

（4）X432 高速输入/输出接口端。

（5）X34、X35　电压、电流检测孔。一般供模块检测维修使用，用户不得使用。

主轴电动机的驱动可使用上述进给电动机驱动模块驱动，另外还有专门的主轴电动机驱动模块，模块的接口端与进给电动机驱动模块类似。

以上介绍了西门子 840D 数控系统的各组成部分。图 5-7 给出了一种典型的接线方法，读者可参阅以上内容，进一步理解各部分之间的关系和使用方法。

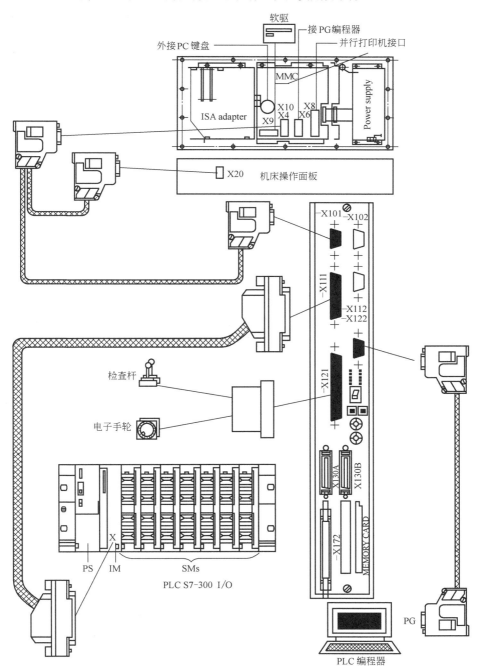

图 5-7　840D 典型接线图

思考题与习题

5-1 西门子 840D 数控系统如何与计算机实现通信?

5-2 一般来讲, 计算机与数控系统实现通信的目的是什么?

5-3 西门子 840D 数控系统由几个模块组成? 简述各模块的作用。

5-4 数控系统中的 PLC 模块在数控机床中起什么作用?

下篇
技术基础

第六章

数控机床的位移检测装置

第一节 概 述

数控机床中，数控装置是依靠指令值与位置检测装置的反馈值进行比较来控制工作台运动的。数控机床检测元件的种类很多，在数字式位置检测装置中，采用较多的有光电编码器、光栅等；在模拟式位置检测装置中，多采用感应同步器、旋转变压器和磁尺等。随着计算机技术在工业控制领域的广泛应用，目前感应同步器、旋转变压器和磁尺在国内已很少使用，许多公司已不再经营此类产品。然而旋转变压器由于其抗振性、抗干扰性好，在欧美国家仍有较多的应用。数字式的传感器使用方便可靠（如光电编码器和光栅等），因而应用最为广泛。

本章首先介绍各种传感器的工作原理，为了使读者了解常用传感器的使用方法，本章还以一些典型产品为例，介绍了光电编码器和光栅的使用方法。掌握位置检测装置的工作原理，对于理解检测装置输出信号的意义、确定输出信号的处理方法具有重要的作用，而要使用这些位置检测装置，则必须了解其输出信号的形式（如脉冲、频率、幅值等），信号幅值的大小以及与数控系统的连接方式。

视频故事

第二节 编 码 器

国产编码器的
技术突破

编码器是一种旋转式的检测角位移的传感器。在位移检测传感器中，编码器是数控机床中使用较多的一种传感器。编码器按码盘的读取方式，可分为光电式、接触式和电磁式。就精度和可靠性来讲，光电式编码器优于其他两种，是目前应用较多的一种。图 6-1 给出了编码器的一个实形图。

编码器按其不同的读数方法可分为增量式编码器和绝对式编码器。

一、增量式编码器

如图 6-2 所示为一个典型编码盘的局部展开图。光电编码盘利用光电转换原理，输出三路方波脉冲信号。外圈信号 A 与第二轨道信号 B 有相同数目的扇形区，但移动了半个扇形区，以使 A、B 两路脉冲信号相位差为 90°，这样可方便地判断转向。内轨道在每转中仅有一个脉冲信号 Z，用于基准点定位。

图 6-1 光电式编码器

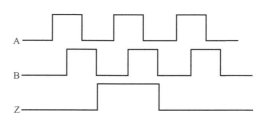

图 6-2 增量式光电编码器输出信号

若 A 相超前于 B 相对应某一旋转方向，则当 B 相超前 A 相时，对应相反的旋转方向。用比较简单的逻辑电路，就能根据这两个轨道来确定旋转方向。将外轨道的输出脉冲送给计数器，并根据旋转方向使计数器增加或减小。基准轨道的脉冲将用来使计数器归零。

增量式编码器的输出不能反映轴的绝对位置，只能反映两次读数之间转轴角位移的增量。其优点是：原理构造非常简单，机械平均寿命可在几万小时以上，可以做到很高的分辨率，刻线数可达 36000 根，即每度 100 根线（其直径约为 $\phi180mm$）。因而，高分辨率是它的优势。

增量式编码器存在的主要问题是：

（1）数据容易丢失 增量式编码器获得的所有计数都是相对某一任意指定的基数（清零位置）而言。一旦停电或误操作，把基数丢失，就难以寻找回来。为了解决此问题，在新型的数字化伺服驱动器中，通过安装锂电池维持断电后编码器的位置。

（2）会发生误差累积现象 针对以上问题，开发出了绝对式编码器。它可以在任意位置处给出一个确定的与该位置唯一对应的读数值，无论停电还是长时间不用，其数值都不会丢失，并且其误差只与编码盘的刻度精度有关，误差不会因多次计数而累积。然而实际中，由于绝对式编码器价格较高，且允许的速度很低，电气允许速度仅为 60r/min，而增量式编码器允许速度至少在 10000r/min 以上，因此实际中多采用增量式编码器。

二、绝对式编码器

绝对式编码器，就是在编码盘的每一转角位置刻有表示该位置的唯一代码，因此称为绝对码盘。绝对式编码器是通过读取编码盘上的代码来表示轴的位置。

绝对式光电编码器是利用自然二进制或循环二进制编码方式进行光电转换的。如图 6-3 所示为按二进制编码构成绝对式编码器的工作原理。其中黑的部分表示透光，白的部分表示不透光。这样当光源通过透光部分并为光电接收器接收时表示"1"信息，反之表示"0"信息。最里层的表示最高位，最外层

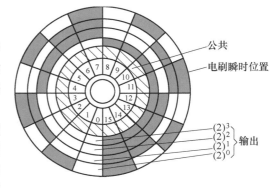

图 6-3 绝对式编码器

的表示最低位。例如，在一个 9 位光电编码器的光电盘上，有 9 圈数字码道，它在 360°范围内可编数码即为 $2^9 = 512$ 个。一个直径约为 $\phi110mm$ 的绝对式编码器，每转绝对位置值可达 $2^{20} = 1048576$ 个，绝对测量步距约 $1.2''$。

编码盘按其所用码制可分为二进制码、循环码（葛莱码）、十进制码等。最常用的是光电式二进制循环码编码器。纯二进制编码方式虽然简单、易于理解，但是图案转移点不明确，容易产生误读错误，在位置变化时，可能有两个或更多位的状态同时发生改变。而无论是哪种结构的编码盘，各位变化的先后时间均不可避免地存在误差，这种误差将发出错误信息，导致严重后果。例如，当从 7（0111）变为 8（1000）时，如果第一位先发生变化，而其他 3 位还来不及变化，这样输出过程就是 7（0111）→15（1111）→8（1000）。这里中间值 15（1111）就是所谓的"错码"。

针对以上缺点，发展出了几种编码法。其中有常用的葛莱码。它的基本思想是，当编码盘转动时，在相邻的计数位置，每次只有一位代码有变化。因而，即使光电盘的制作和安装中有误差存在，产生的误差也不会超过读数的最低位的单位量。表 6-1 是葛莱码和直接二进制码的对照表。

表 6-1　葛莱码和直接二进制码的对照表

十进制	二进制	G（葛莱码）	十进制	二进制	G（葛莱码）
0	0000	0000	8	1000	1100
1	0001	0001	9	1001	1101
2	0010	0011	10	1010	1111
3	0011	0010	11	1011	1110
4	0100	0110	12	1100	1010
5	0101	0111	13	1101	1011
6	0110	0101	14	1110	1001
7	0111	0100	15	1111	1000

对绝对式编码器来说，要提高编码器的精度，关键在于提高编码盘的划分精细度和准确度。分辨率则直接取决于码道的数目。由于读出装置（光电接收器）的体积不能无限小，因而提高码道数就要求增大编码盘的尺寸。一般地说，这种编码盘的角位移分辨率可达 $1''$ 左右。

三、增量式编码器的产品实例

下面以日本某厂生产的编码器为例，介绍增量式编码器的使用方法。增量式编码器给出相位差 90° 的两个方波测量信号和一个参考标记信号。为了提高测量的分辨率，一些厂家的产品，如德国 HEIDENHAIN 的编码器，除了给出方波输出信号外，还提供了两路正弦测量信号，正弦信号在后续的电子电路中被数字化和四倍频处理后，其测量分辨率为编码器信号周期的四分之一。

根据使用者的需要，编码器的输出信号有两种类型，如图 6-4 所示，对应这两种型号的编码器，其输出信号的接线见表 6-2 和表 6-3。

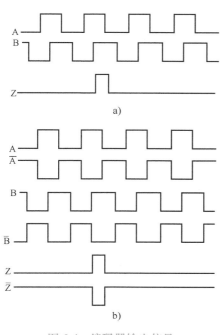

表 6-2　编码器 I 接线表

脚　号	信　号	意　义
1	+5V	电源
2	0V	
3	A	测量信号
4	B	测量信号
5	Z	标记信号

表 6-3　编码器 II 接线表

脚　号	信　号	意　义
1	+5V	电源
2	0V	
3	A	测量信号
4	$\overline{A}$	测量信号
5	B	测量信号
6	$\overline{B}$	测量信号
7	Z	测量信号
8	$\overline{Z}$	测量信号

图 6-4　编码器输出信号

a）编码器 I 输出信号　b）编码器 II 输出信号

当使用编码器时，需根据以上测量信号和参考标记信号通过辨向和计数电路或计算机软件处理测量角位移或直线位移量。

第三节　光　　栅

光栅的种类很多，其中以计量光栅的技术发展得最迅速和最成熟。计量光栅通常用于数字检测系统，用来检测高精度直线位移和角位移，是数控机床上应用较多的一种检测装置。光栅传感器的空间分辨率一般可达 $1\mu m$ 左右，单根光栅的长度可达 600mm 以上，主光栅能够进行拼接，测量范围可达几米以上。图 6-5 给出了长光栅与圆光栅的产品实形图，下面介绍计量光栅。

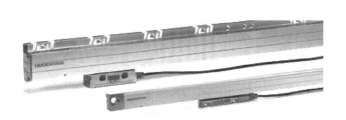

图 6-5　长光栅与圆光栅

一、计量光栅的种类

光栅测量系统由照明系统、光栅副和光电接收元件组成，如图6-6所示。其中光栅副由主光栅 G_1（也称标尺光栅）和指示光栅 G_2 组成。主光栅 G_1 固定在机床活动部件上，长度相当于工作台移动的全行程。指示光栅 G_2 装在机床固定部件上。

计量光栅按其形状和用途可以分为长光栅和圆光栅两类，前者用于测量长度，后者用于测量角度。

根据光线的走向，光栅可分为透射光栅和反射光栅。透射光栅的栅线刻制在透明材料上。反射光栅的栅线刻制在具有强反射能力的金属（如不锈钢）上或玻璃镀金属膜上。

透射光栅是在玻璃表面上制成一系列平行等距的透光缝隙和不透光的栅线，如图6-7所示的放大图。图6-7中 a 为栅线宽，b 为栅线缝隙宽，相邻两栅线间的距离 $W=a+b$，称为光栅常数（或称为光栅栅距）。反射光栅是在金属的镜面上制成全反射和漫反射间隔相等的条纹。

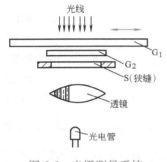

图6-6 光栅测量系统

图6-7 光栅的放大图

二、光栅测量的基本原理

当两光栅面相对叠合，中间留有很小的间隙，并使两者栅线之间保持很小的夹角 θ 时，透射光就会形成明暗相间的莫尔条纹。光栅主要是利用莫尔条纹实现测量的，为了掌握计量光栅的工作原理，必须了解莫尔条纹的形成过程和规律。

（一）莫尔条纹的产生和特点

莫尔条纹的形成，实际上是光通过一对光栅时所产生的衍射和干涉的结果。光在先后经过两个叠合的光栅副时，其中任何一块光栅的不透光狭缝都会对光起遮光作用。这样两光栅的透光狭缝和透光狭缝的交点成为亮点，这些亮点的连线，便组成了一条透光的亮线；而不透光狭缝和透光狭缝的交点的连线，则构成一条不透光的暗线，如图6-8所示。

由几何光学理论可以得到长光栅条纹的斜率为

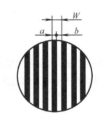
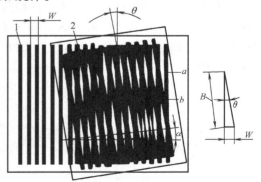

图6-8 莫尔条纹的形成
1—主光栅 G_1　2—指示光栅 G_2

$$\tan\alpha = \left(1 - \frac{W_2}{W_1\cos\theta}\right)\cot\theta \tag{6-1}$$

各条纹之间的距离为

$$B = \frac{W_2}{\sqrt{\sin^2\theta + \left(\cos\theta - \dfrac{W_2}{W_1}\right)^2}} \tag{6-2}$$

式中　W_1——主光栅的光栅常数；

　　　W_2——指示光栅的光栅常数；

　　　θ——两光栅栅线的交角。

根据式（6-1）、式（6-2），当不同的 W_1、W_2、θ 值组合时，会出现下列几种莫尔条纹。

1. 横向莫尔条纹

当两光栅的光栅常数相等，即 $W_1 = W_2 = W$，栅线的相互交角为 θ，则有

$$\tan\alpha = \left(1 - \frac{1}{\cos\theta}\right)\cot\theta = -\tan\frac{\theta}{2} \tag{6-3}$$

$$B_H = \frac{W}{\sqrt{\sin^2\theta + (\cos\theta - 1)^2}} \approx \frac{W}{\theta} \tag{6-4}$$

这种莫尔条纹的方向与光栅的移动方向只相差 $\theta/2$，即近似与栅线的方向相垂直，故称为横向莫尔条纹。

莫尔条纹有以下几个重要特性：

（1）平均效应　莫尔条纹是由光栅的大量刻线共同形成，对光栅的刻划误差有平均作用，从而能在很大程度上消除短周期误差的影响。光栅的工作长度越大，参加工作的刻线越多，这一作用就越显著。

（2）放大作用　由于 θ 角很小，从式（6-4）可明显看出光栅有放大作用，放大比为

$$K = B_H / W \approx \frac{1}{\theta} \tag{6-5}$$

K 为一很大的值。栅距 W 很小，很难观察，而莫尔条纹却清晰可见。

（3）对应关系　两光栅沿与栅线垂直的方向相对移动时，莫尔条纹沿栅线方向移动。两光栅相对移动一个栅距 W，莫尔条纹移动一个条纹间距 B_H。光栅反向移动时，莫尔条纹亦反向移动。利用这种严格的一一对应关系，根据光电元件接收到的条纹数目，就可以知道主光栅所移过的位移值。

2. 光闸莫尔条纹

当 $W_1 = W_2 = W$，且 $\theta = 0$ 时，所得到的莫尔条纹宽度趋于无穷大，两光栅就像闸门一样时启时闭，故称光闸莫尔条纹。当一光栅沿 X 方向移动一个栅距时，光亮度就明暗变化一次。

以上两种长光栅的莫尔条纹是应用最多的。此外还有应用不多的纵向莫尔条纹，它是在 $W_1 \neq W_2$，$\theta = 0$ 时得到的。当 $W_1 \neq W_2$，$\theta \neq 0$ 时，得到斜向莫尔条纹。这种条纹在实际中并不应用。

（二）圆光栅的莫尔条纹

典型的计量圆光栅的系统结构和长光栅的结构一样，一般由光栅副和光学系统、接收系统组成。

圆光栅的形式多种多样，其莫尔条纹也有许多形式。在计量中主要应用以下两种：

1. 环形莫尔条纹

两块栅线数相同（即栅距 W 相同），切线圆半径分别为 r_1、r_2 的切向圆光栅同心放置时，形成的莫尔条纹是以光栅中心为圆心的同心圆簇，称为环形莫尔条纹，如图 6-9 所示。条纹的宽度为

$$B = \frac{WR}{r_1 + r_2} \tag{6-6}$$

通常取 $r_1 = r_2 = r$，这时莫尔条纹的宽度为

$$B = \frac{WR}{2r} \tag{6-7}$$

2. 圆弧形莫尔条纹

两块栅线数相同的径向圆光栅偏心放置时，在光栅的各个部分栅线的夹角 θ 不同，于是形成了不同曲率半径的圆弧形莫尔条纹，如图 6-10 所示。其特征为条纹簇的圆心位于两光栅中心连线的垂直平分线上，而且全部圆条纹均通过两光栅的中心。这种莫尔条纹的宽度不是定值，而是随着条纹位置的不同而不同。在偏心方向垂直位置上的条纹近似垂直于栅线，称其为横向莫尔条纹。沿着偏心方向的条纹近似平行于栅线，相应地称其为纵向莫尔条纹。在实际使用中，这种圆光栅常用其横向莫尔条纹。

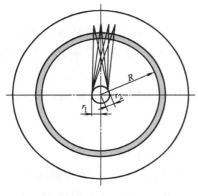

图 6-9 环形莫尔条纹

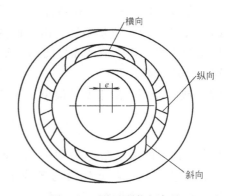

图 6-10 圆弧形莫尔条纹

（三）光栅常用的光路

要将光栅的移动信息变成莫尔条纹的变化并进行记录，就必须通过一套合理的光学系统来实现。下面介绍一种常用的透射式光路。

如图 6-11 所示，光源发出的光经透镜后形成平行光垂直入射到光栅副上，透射光的莫尔条纹由光电元件直接接收。

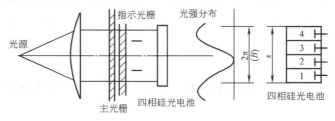

图 6-11 光栅的光路系统

在实际应用中，为了判别主光栅移动的方向以及对光栅的栅距进行细分等，常采用四相硅光电池接收四相信号。四相硅光电池是在一整块硅基片上，蚀刻出四个绝缘的、等面积、等距离分布的光电池。装配时，通过调整两光栅间的夹角 θ，可使莫尔条纹的宽度 B 恰好等于四相硅光电池的宽度 s。相邻光电元件的间距等于 $B/4$。它们的位置就相当于把莫尔条纹的宽度在空间上均匀地分成了四部分，因而相应的光电信号在相位上就自然地依次相差 $90°$，即四相硅光电池中的各片顺次发出 sin、cos、-sin、-cos 四相信号。这样每当光栅移动一个栅距 W，莫尔条纹就移动一个条纹宽度 B，每个光电元件的电信号就变化了 2π。一般地说，光栅移动了距离 x，莫尔条纹就移动了 x/W 个条纹，通过计数器记录莫尔条纹的数目并对小于一个周期的小数部分进行细分，即可测得光栅的位移量。

三、光栅产品实例

下面以上海光学仪器研究所生产的 JFS-G 型长光栅位移传感器为例，介绍光栅传感器的使用方法。

JFS-G 型光栅位移传感器可提供两路幅值为 3.5V，相位差为 $90°$ 的方波信号。此外，为了确定测量的绝对位置，光栅上还附有绝对零位 ABS 的输出信号，用户可根据需要将绝对零位 ABS 安排在光栅尺的两端或中间位置。光栅的主要技术指标为：栅距 0.02mm，最大响应速度 200mm/s。光栅的输出信号由一个电缆输出，插头的输出信号接线见表 6-4。

表 6-4　光栅输出信号

脚　　号	信　　号	意　　义
1	0V	
2	A 相	3.5V 的方波信号
3	B 相	3.5V 的方波信号
4	+5V	
5	ABS	绝对零位信号
6	空	

以上信号可直接通过计算机接口板接入计算机。此外，也可以与光栅数显表一起组成长度测量系统。应用时应注意到，该光栅尺的栅距为 0.02mm，其信号未经过细分处理，如需要在高精度场合使用，则需用户进行细分处理。该研究所提供的四细分数显表及二十细分数显表可与光栅位移传感器配套组成长度测量系统，用于机床上以实现加工过程位移量的数字显示。

第四节　旋转变压器

旋转变压器是控制系统中较为常见的位置测量元件，它属于精密的控制微电机。从外形结构上看，它和电机相似，有一个定子和一个转子。从物理本质上看，它是一种可以旋转的变压器。这种变压器的一次、二次绕组分别放在定子和转子上。一次、二次绕组之间的电磁耦合程度与转子转角有关，因此转子绕组的输出电压也与转子的转角有关。

按照输出电压与转子转角间的函数关系，旋转变压器可分为下述三种基本类型：

（1）正余弦旋转变压器　一次侧外施单相交流电源励磁，二次侧的两个输出电压分别与转子转角呈正弦和余弦函数关系。

（2）线性旋转变压器　在一定的工作转角范围内，输出电压与转角呈线性函数关系。

（3）比例式旋转变压器　它与正余弦旋转变压器相似，在结构上增加了一个带有调整和锁紧转子位置的装置。在系统中作为调整电压的比例元件。

旋转变压器是一种转角测量元件，其结构简单、对环境要求低，信号输出幅度大、抗干扰性强，曾经是数控机床上常用的测量元件。

一、旋转变压器的结构

旋转变压器由定子和转子两大部分组成，如图 6-12 所示。在定、转子铁心槽中分别嵌放着两个轴线在空间互相垂直的分布绕组，即两极两相绕组。图 6-12 中，S_1S_3 及 S_2S_4 为定子绕组，它们的结构完全相同。R_1R_3 及 R_2R_4 为转子绕组，它们的结构也完全相同。定子绕组为变压器的一次侧，转子为变压器的二次侧，励磁电压接到一次侧，频率通常为 400Hz、500Hz、1000Hz 以及 5000Hz 等几种。定子和转子绕组之间的互感系数是按转子偏转角的正弦和余弦规律变化，一个信号与转子角度的正弦成比例变化，另一个信号与转子角度的余弦成比例变化。定子绕组引出线直接接到接线板上，而转子绕组要通过集电环和电刷接到接线板上。

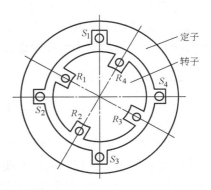

图 6-12　旋转变压器结构示意图

通常应用的二极旋转变压器，定子和转子各有一对磁极。除此之外，还有一种多极旋转变压器。

二、旋转变压器的工作原理

先讨论单极工作情况以说明旋转变压器的工作原理。设加到定子绕组的励磁电压为 $U_1 = U_m\sin\omega t$，通过电磁耦合，转子绕组将产生感应电压 U_2。当转子转到使它的绕组的磁轴与定子绕组的磁轴相垂直时（图6-13a），则转子感应电压 $U_2 = 0$；当转子绕组的磁轴自垂直位置转过 $-\theta$ 角时（图6-13b），这时转子绕组的感应电压为

$$U_2 = KU_1\sin\theta = KU_m\sin\omega t\sin\theta \quad (6\text{-}8)$$

式中　K——电压比；

$\quad\quad U_1$——定子的输入电压；

$\quad\quad U_m$——定子最大瞬时电压。

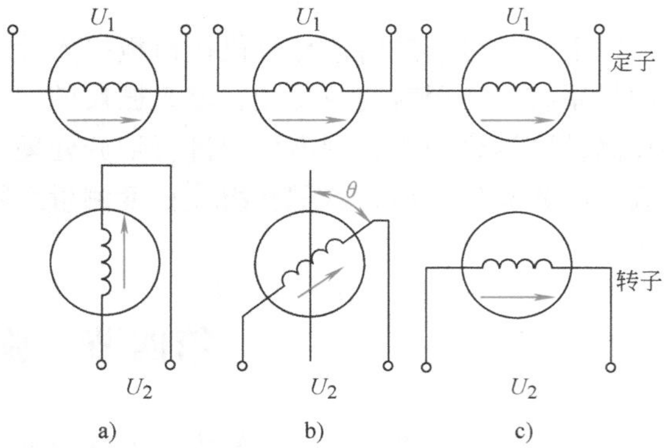

当转子转动 $\theta = 90°$ 时（图 6-13c），使两磁轴平行，此时转子绕组的感应电压为最大，即

图 6-13　旋转变压器的工作原理

$$U_2 = KU_m\sin\omega t \quad\quad\quad (6\text{-}9)$$

显然，U_2 为一等幅正弦波，测得此电压的峰值即可求出转角 θ 的大小。

实际应用较多的，是利用定、转子各具有一对正交绕组的正、余弦旋转变压器。若使定

子的一个绕组短接，另一个绕组通以单相交流电压 $U_1 = U_m\sin\omega t$，则在转子绕组中可同时得到正、余弦函数的输出电压，如图 6-14 所示，此时

$$U_{2s} = KU_m\sin\omega t\sin\theta \tag{6-10}$$

$$U_{2c} = KU_m\sin\omega t\cos\theta \tag{6-11}$$

若把其中一个转子绕组如图 6-15 所示那样短接，应用叠加原理，可得到以下两种典型工作方法。

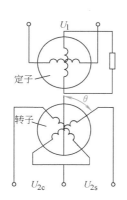

图 6-14　正、余弦旋转变压器

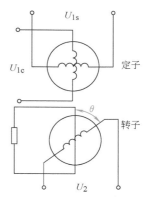

图 6-15　正、余弦旋转变压器工作原理

（1）鉴相工作法　如果定子的两个正交绕组分别通以等幅、等频，但相位差 90° 的励磁信号，即

$$U_{1s} = U_m\sin\omega t \tag{6-12}$$

$$U_{1c} = U_m\cos\omega t \tag{6-13}$$

则在转子绕组中的感应电压应为这两个信号分别感应电压之代数和，即

$$U_2 = U_{1c}\cos\theta + U_{1s}\sin\theta = KU_m\cos\omega t\cos\theta + KU_m\sin\omega t\sin\theta = KU_m\cos(\omega t - \theta) \tag{6-14}$$

同理，假如转子逆时针方向转动，可得

$$U_2 = KU_m\cos(\omega t + \theta) \tag{6-15}$$

由此可见，转子输出信号的相位角与转子的偏转角之间有着严格的对应关系。通过检测转子输出电压的相位角，就可以测量任何与转子轴机械连接的某轴的偏转角。如果把旋转变压器装在机床丝杠的一头，就可测出丝杠的转角。

（2）鉴幅工作法　如果定子的两个正交绕组，分别通以等频、等相，但幅值不等（即分别按正、余弦变化）的交流电压，即

$$U_{1s} = U_m\sin\alpha\sin\omega t \tag{6-16}$$

$$U_{1c} = U_m\cos\alpha\sin\omega t \tag{6-17}$$

此时，转子绕组的感应电压为

$$\begin{aligned}U_2 &= U_{1c}\cos\theta + U_{1s}\sin\theta = KU_m\cos\alpha\sin\omega t\cos\theta + KU_m\sin\alpha\sin\omega t\sin\theta\\&= KU_m\cos(\alpha - \theta)\sin\omega t\end{aligned} \tag{6-18}$$

可见，感应电压的幅值 $KU_m\cos(\alpha - \theta)$ 随转角 θ 而变化，测量幅值即可求得转角。

同理，当转子逆时针方向转动时，可得

$$U_2 = KU_m\cos(\alpha + \theta)\sin\omega t \tag{6-19}$$

第五节 感应同步器

感应同步器可用于测量直线位移和角位移，测量直线位移的称为直线式感应同步器，测量角位移的称为圆感应同步器。两者的结构和工作原理相同。

感应同步器具有许多优点，其一是检测精度高，其直线精度可达±0.002mm/250mm，转角精度为±0.5″/300mm 直径；二是成本低；三是对环境的适应性强，它是利用电磁感应原理产生信号，所以不怕油污和灰尘的污染，特别适合于工厂车间环境的使用；四是结构坚固、寿命长、维护简单。由于上述原因，感应同步器在数控机床上获得了广泛的应用。近几年随着编码器技术的发展，感应同步器的应用有所减少，目前已少有公司经销此产品，因此本节仅简要介绍其工作原理。

一、感应同步器的结构

图 6-16 所示为直线式感应同步器的示意图。它由定尺和滑尺组成。定尺通常固定在机床的基座上，为一连续绕组，滑尺装置在机器可动部件上，为了辨别运动方向，其绕组分为正弦和余弦绕组两部分，以便输出相位差为 90° 的两个信号。定尺和滑尺在机床上安装时，将定尺固定在机床的静止部分，滑尺固定在机床的运动部分，两个尺子平行地面向叠合，如光栅一样，中间相隔一个小的空隙。

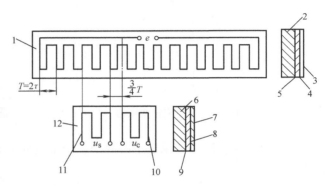

图 6-16 直线式感应同步器

1—定尺 2、6—基板 3—耐切削液涂层 4、8—铜箔
5、9—绝缘黏结胶 7—铝箔 10—余弦励磁绕组
11—正弦励磁绕组 12—滑尺

根据热胀冷缩原理，当温度变化时，不同材料会发生不同大小的热变形。由于感应同步器的基板固定于机床之上，如果两者材料的热膨胀系数差异较大，就会产生较大的测量误差。因此，感应同步器的基板材料一般采用与机床材料热膨胀系数相近的钢板或铸铁板。

二、感应同步器的种类

由于机械运动的基本形式可分为两种：平移和转动。相应地，感应同步器也分为两种：测量直线位移的直线式感应同步器和测量角位移的圆感应同步器。直线式感应同步器是由定尺和滑尺组成的，圆感应同步器由转子和定子组成。这两类感应同步器，实际上只是形式不同，在结构、材料和制造工艺上则是完全一样的。

直线式感应同步器分为标准型、窄型、带型等。标准型感应同步器是直线式感应同步器中精度最高的一种，用得也最广泛。其尺体长度约为 250mm，可测量范围不小于 150mm，尺体上已预先留下为接长用的安装、调整孔，当所需测量长度超过 150mm 时，可将数根定尺接长使用。窄型感应同步器是专为窄小安装空间的使用场合而设计的，其定尺和滑尺的宽度只有标准型的一半，故适应性较强。但它的耦合情况不如标准型感应同步器，测量精度较标准型低。在测量范围方面，它和标准型一样，可以通过接长来扩大量程。当需要安装感应同步器的设备上安装面不易加工时，则可采用带型感应同步器。带型感应同步器是用照相腐蚀法把定尺绕组印制在具有柔性的钢带上，滑尺则安装在一个封闭的盒子内，出厂前已安装调整好。使用时把钢尺（定尺）的两端固定在床身上，滑尺固定在运动部件上。带型感应同步器可以做得很长，不需拼接，从而减少了安装的工作量。和前两种感应同步器比较起来，带型感应同步器的适应性最好，安装最方便，但测量精度也最低。

所有圆感应同步器的结构形式是一样的。它的测量精度和分辨率依赖于一个圆周内的刻线数量，因而也就依赖于感应同步器的直径大小。因为刻线的宽度和刻线间的距离受到刻线工艺和绝缘要求的限制，各种圆感应同步器刻线宽度几乎都是一样的。加工时，为了使它的节距角度值为整数，例如1°，圆感应同步器的径向刻线数一般都设计为360的整数倍或与360成简单的关系。例如，径向刻线数为360条、720条、1080条。径向刻线为360条的圆感应同步器的节距角为2°，其他依次类推。

三、直线式感应同步器的工作原理

感应同步器是根据法拉第电磁感应定律而工作的，即无论什么原因，通过回路的磁通量发生变化时，回路中必然产生感应电动势，感应电动势的大小与磁通量对时间的变化率成正比，即

$$e = -k\frac{\mathrm{d}\varPhi}{\mathrm{d}t} \qquad (6\text{-}20)$$

式中　e——感应电动势；

　　　$\varPhi$——磁通量；

　　　k——比例系数。

对于定尺和滑尺上相邻的两个线圈，当定尺中通以直流电流时，它在周围的空间中就会产生磁场。其磁感应强度值的大小和方向将沿着尺体的长度方向随空间位置做周期性的变化。当滑尺相对于定尺沿它的长度方向移动时，通过滑尺的平面绕组上的磁通量就会发生周期性的变化。图6-17所示为感应同步器的工作过程。

图6-17中，当励磁线圈通以图示方向的电流以后，在线圈中所产生的磁力线方向由右手定则可以确定：线圈内磁力线方向由外向内，按照传统的表示法，用"⊗"来标记；线圈外磁力线方向由内向外，用"⊙"来表示。

当励磁绕组与感应绕组在图6-17a所示的位置时，感应绕组线圈中穿入的磁通最多，为最大耦合，感应电动势达到最大。当感应绕组向右移动，穿入其

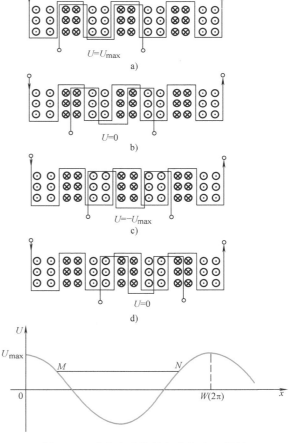

图 6-17　感应电动势的幅值与定、滑尺相对位置变化的关系

中的磁通逐渐减少，当移至图 6-17b 位置时，感应绕组左半部分所通过的磁感应强度的方向为由外向内（"⊗"），而右半部分所通过的磁感应强度的方向则为由内向外（"⊙"），左右两半部分的磁通量刚好完全抵消，感应电动势为零。当感应绕组继续向右移动，其线圈中穿入的磁通量逐渐减少，而穿出的磁通量逐渐增大，因而线圈中的感应电动势也逐渐增大，但为负值。当感应绕组移动至图 6-17c 位置时，其线圈中穿出的磁通最多，而穿入的磁通量为零，此时，线圈中的感应电动势达到与图 6-17a 极性相反的最大感应电动势。如此继续移动，其感应电动势幅值的变化规律就是一个周期性的余弦曲线。在一个周期中对应某一感应电动势幅值有两个位移点，如图 6-17 中的 M、N 点。因此，不能直接用感应电动势的幅值来测量机械位移量。滑尺上只有一个绕组，故不能确定单一的相对位移。为此，滑尺上一般配置一个正弦绕组和一个余弦绕组，其机械位移量的计算方法将在后面叙述。

四、信号处理方式

由感应同步器组成的检测系统，可采用不同的励磁方式，并对输出信号作不同的处理。按励磁方式可分为两类，一类是对滑尺励磁，从定尺取出输出电动势；另一类是对定尺励磁，从滑尺取出输出电动势，目前多采用第一类励磁方式。根据对感应电动势信号的处理方式不同，可把感应同步器的检测系统分成幅值工作状态和相位工作状态，它们的特征是用输出感应电动势的幅值或相位来进行处理。下面以直线式感应同步器为例，叙述感应电动势的处理方式。

1. 鉴相方式

滑尺上的正弦、余弦绕组加交流励磁电压时，定子上的连续绕组会有感应电压输出。感应电压的幅值和相位与励磁电压有关，也与滑尺和定尺的相对位移有关。

当滑尺的正弦、余弦绕组上供给幅值和频率相同、相位差为 90° 的交流电压励磁时，即

正弦绕组励磁电压 $\qquad u_s = u_m \sin\omega t$

余弦绕组励磁电压 $\qquad u_c = -u_m \cos\omega t$

式中　u_m——最大励磁电压，即励磁电压峰值；

$\qquad \omega$——励磁电压角频率。

两个励磁绕组分别在定尺上感应出电动势，其值分别为

$$e_s = K_v u_m \cos\omega t \sin\frac{2\pi x}{W} \tag{6-21}$$

$$e_c = K_v u_m \sin\omega t \cos\frac{2\pi x}{W} \tag{6-22}$$

按叠加原理求得定尺上总感应电动势为

$$e = e_s + e_c = K_v u_m \sin(\omega t + \theta_x) \tag{6-23}$$

式中　K_v——耦合系数；

$\qquad \theta$——感应电动势的相位角。

其中，$\theta_x = 2\pi x/W$，它在一个节距 W 之内与定尺和滑尺的相对位移 x 有一一对应关系，每经过一个节距，变化一个周期 2π。

由此可见，通过测出感应电动势的相位移的大小 θ_x，就可知道滑尺相对于定尺的机械位移量 x。在位移量 $x \leqslant W$，即 $\theta_x \leqslant 2\pi$ 的范围内，根据相位移 θ_x 的值，就可测量出机械位移的

绝对值。当位移量 x 大于一个节距 W 时，增量式测量系统对整数（整数个节距）部分进行计数，而小数部分（在一个节距以内的位移），仍以上述的方法根据相位移 θ_x 的值，测量出机械位移量。相位 θ_x 的测量，可以通过数字鉴相器来实现，例如将感应电动势 e 信号与励磁电压 $u_m \sin\omega t$ 比相，即可测出 θ_x 值。从而得出定尺与滑尺之间的相对位移。

2. 鉴幅方式

鉴幅型系统是指滑尺上的正弦、余弦绕组的励磁电压的相位和频率相同，但幅值不同的检测系统。即用改变正弦、余弦绕组各自的励磁电压的幅值，来得到合成感应电动势值对两尺相对位移的周期变化。

加至滑尺绕组的交流励磁电压如下

$$u_s = - U_s \sin\omega t = - u_m \sin\theta_d \sin\omega t$$

$$u_c = U_c \sin\omega t = u_m \cos\theta_d \sin\omega t$$

其中，θ_d 为励磁电压的相位角，u_s 与 u_c 分别为定尺绕组上感应出的电动势，其值分别为

$$e_s = - K_v u_s \cos\omega t \cos\frac{2\pi x}{W} \tag{6-24}$$

$$e_c = K_v u_c \cos\omega t \sin\frac{2\pi x}{W} \tag{6-25}$$

定尺上总感应电动势为

$$e = K_v u_c \cos\omega t \sin\frac{2\pi x}{W} - K_v u_s \cos\omega t \cos\frac{2\pi x}{W}$$

$$= K_v \cos\omega t (u_c \sin\theta_x - u_s \cos\theta_x) = K_v u_m \cos\omega t \sin(\theta_x - \theta_d) \tag{6-26}$$

可见感应电动势 e 的频率 ω 与励磁电压的频率 ω 相同，而幅值则取决于励磁电压的幅值和相位角，且随（$\theta_x - \theta_d$）作正弦变化。

设初始位置时，$\theta_x = \theta_d$，$e = 0$。当定尺、滑尺之间有相对位移时，就会产生一个 $\Delta\theta_x$，使此时的感应电动势相位角变为 $\theta_x + \Delta\theta_x$，则相应的感应电动势增量为

$$\Delta e = K_v u_m \sin\Delta\theta_x \cos\omega t \approx K_v u_m \frac{2\pi}{W} \Delta x \cos\omega t \tag{6-27}$$

由此可见，在位移增量 Δx 较小的情况下，感应电动势 Δe 的幅值与 Δx 成正比，通过鉴别感应电动势 Δe 的幅值，就可测出 Δx 的大小。但是当 Δx 较大的情况下，上式中的近似等式将存在较大的误差，因而如再根据感应电动势 Δe 的幅值测量 Δx 的大小，将是不可行的。为此可以设计这样一个系统，每当移动一个较小的位移量 Δx，就使 Δe 的幅值超过某一预先调定的门槛电平，发出一个脉冲信号，并利用这个信号去自动地修正励磁电压的幅值 u_s、u_c，使新的 $\theta_d = \theta_x$，从而 $e = 0$，系统重新处于平衡状态。这样就可把位移量转换成数字量，从而实现对位移的测量。

感应同步器由于测量精度高、动态范围大，抗油污、抗电磁干扰的能力强，成本低，故受到了很大的重视和广泛的欢迎。一般地说，感应同步器易于维护，使用的稳定性也较好。在安装时要注意可靠和牢固，要求有高的装配精度。特别在接长时更要注意接长精度，保证结构件的加工精度。

感应同步器使用中产生的问题，常常出在装配精度低，特别是接长时的调整精度和可靠

性、牢固性没有达到要求上，从而影响感应同步器的使用效果。时间一长，由于振动、温度变化等原因，接长处容易发生位移，使整个测量系统精度大大降低。

思考题与习题

6-1 增量式编码器的结构有何特点？怎样确定它的旋转方向？

6-2 为什么绝对式编码盘一般采用循环码而不采用二进制码？

6-3 透射光栅的检测原理如何？如何提高它的分辨率？

6-4 透射光栅中的莫尔条纹有何特点，为什么实际测量时是利用莫尔条纹进行测量的？

6-5 通常感应同步器的节距为 2mm，为什么它可测到 0.01mm 或更微小的位移量？

6-6 感应同步器的滑尺上为什么有正弦绕组和余弦绕组两部分，二者的相对位置有何要求？

6-7 鉴相型和鉴幅型感应同步器的测量系统中，对滑尺的正、余弦绕组的励磁电压各有何要求？

第七章

数控机床的伺服系统

第一节　概　　述

伺服系统是数控机床的重要组成部分。其主要功能是：接受来自数控装置的指令来控制电动机驱动机床的各运动部件，从而准确地控制它们的速度和位置，达到加工出所需工件的外形和尺寸的最终目标。

按伺服系统调节理论，伺服系统可分为开环、闭环和半闭环系统。开环型系统采用步进电动机驱动，它无检测元件，也无反馈回路，所以控制方式比较简单。但由于精度难以保证、切削力矩小等原因，开环型系统仅在要求不高的经济型数控机床上得到广泛应用。而闭环型系统采用直流、交流伺服电动机驱动，它装有各式各样的速度、位置检测元件，并使用不同的反馈方式。半闭环系统是从电动机轴上进行位置检测，因此它能够有效地控制电动机的转速和电动机的轴位移，然后再通过滚珠丝杠之类的传动机构，把它转换成工作台或其他移动部件的直线运动。半闭环系统的优点是半闭环环路短、刚度好、间隙小，即机械系统的非线性因素对系统的稳定性影响较小，因此稳定性好、快速性好、动态精度高。半闭环系统的缺点是，如果机械传动部分误差过大或者是其误差值又不稳定，那么就难以补偿，所以半闭环系统只适用于中小型机床。

直流（DC）伺服系统在 20 世纪 70、80 年代的数控机床上占据主导地位。大惯量直流伺服电动机具有良好的调速性能，输出转矩大、过载能力强，构成闭环，易于调整。20 世纪 80 年代后，由于交流（AC）伺服电动机的材料、结构、控制理论和方法均有突破性的进展，使交流驱动及伺服系统发展很快，在伺服系统领域开展了以交流系统取代直流系统的技术革命，目前已有逐渐取代直流伺服系统的趋势。交流伺服系统的最大优点是结构简单、不需要维护，故适应于较恶劣的环境下使用。

第二节　步进电动机控制系统

步进电动机是将电脉冲信号转换为角位移的电磁机械。其转子的转角与输入电脉冲数成正比，其速度与单位时间内输入的脉冲数成正比。在步进电动机负载能力允许下，这种线性关系不会因负载变化等因素而变化，所以可以在较宽的范围内，通过对脉冲的频率和数量的控制，实现对机械运动速度和位置的控制。

步进电动机属于同步电动机一类的控制电动机。电动机的位移量与输入脉冲严格成比例，输入一个脉冲信号，电动机就旋转一个规定的角度（称步距角）。只要控制输入脉冲的数量、频率、各绕组接通电源的次序，就可以得到所控制电动机的转角或位移量、速度以及运动方向。与直流伺服电动机及交流伺服电动机不同，步进电动机在使用时，无需通过位移传感器的反馈信号来控制其运动位置，因此步进电动机特别适合于开环控制的场合。由于控制简单、运动可靠、价格较低，步进电动机被广泛应用于各种机电控制装置中。另外，由于对应一个输入脉冲信号，步进电动机就转动一个步距角，而每种步进电动机的步距角是一定的，因此步进电动机的位置控制精度将受限于步距角的大小，其位置控制精度低于直流伺服系统与交流伺服系统，一般应用于经济型数控机床中。图 7-1 所示为步进电动机及其驱动电源的一个实例。

图 7-1　步进电动机及其驱动电源

一、步进电动机工作原理

步进电动机的种类很多，按工作原理分为反应式、电磁式、永磁式等类型；按使用场合分为功率步进电动机和控制步进电动机；按相数分为三相、四相、五相等；按使用频率分为高频步进电动机和低频步进电动机。不同类型的步进电动机，其工作原理、驱动装置也不完全一样。本节对常用的反应式步进电动机的原理和驱动电源进行介绍。

步进电动机的工作原理是基于电磁力的吸引和排斥产生转矩的现象。图 7-2 所示为步进电动机定子、转子的三种位置，图 7-2a 为稳定的平衡位置，图 7-2b 为不平衡位置，图 7-2c 为不稳定的平衡位置。步进电动机的工作原理主要是基于以下事实：磁力线总是力图走磁阻最小的路径，从而产生反应力矩。空气磁阻要远远大于铁心的磁阻，因此在图 7-2b 中，尽管转子铁心与定子磁极偏离一定的角度，磁力线仍要沿着铁心方向走，并力图使转子恢复至磁阻最小的位置，好像弹簧力图恢复至形变最小的状态一样，从而给转子作用一个转矩。

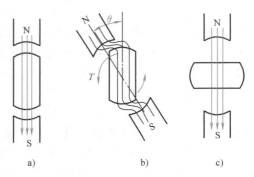

图 7-2　定子、转子不同位置时的磁力线路径
a）$\theta=0°$时　b）转动 θ 角时　c）$\theta=90°$时

为说明步进电动机的工作原理，图 7-3 给出了一个最简单的步进电动机结构。其定子上分布有 6 个齿极，每两个相对齿极装有一相励磁绕组，构成三相绕组。

当 A 绕组通电，B、C 绕组断电时，为保证磁力线路径的磁阻最小，转子的位置应如图 7-3a 所示。同理，当 B 绕组通电，A、C 绕组断电时，转子的位置如图 7-3b 所示。当 C 绕组通电，A、B 绕组断电时，转子的位置如图 7-3c 所示。由此看来，如果绕组的通电顺序为

A→B→C→A→…时，步进电动机将
按顺时针方向旋转。每换接一个状
态，转子转动一个固定角度60°，称
为步进电动机的步距角。同理，当
定子绕组通电顺序为 A→C→B→
A→…时，则电动机转子就会逆时针
方向旋转起来，其步距角仍为60°。

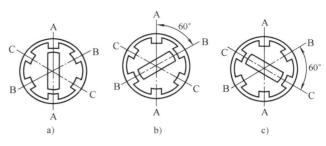

图 7-3　三相步进电动机的工作原理

　　实际应用中，由于要求步进电
动机步距小，故其定子、转子做成
如图7-4所示的形式。定子铁心上有6个均匀
分布的磁极，沿直径相对两个极上的线圈串
联，构成一相励磁绕组。每个定子磁极上均
匀分布 5 个齿，齿槽距相等，齿距角为9°。
转子铁心上无绕组，其上均匀分布 40 个齿，
齿槽宽度相等，并与定子上的齿宽相等，齿
距角为360°/40＝9°。三相定子磁极上的齿依
次错开 1/3 齿距即 3°，如图7-5a 所示。这在
结构上保证了步进电动机能够转动起来。当
A 组绕组通电，B、C 绕组断电时，A 相定子
磁极的电磁力要使相邻转子齿与其对齐（使
磁阻最小），如图7-5a 所示，B 相和 C 相定

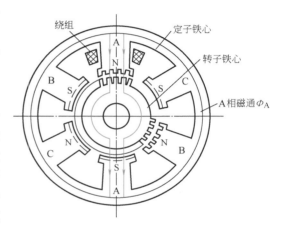

图 7-4　三相反应式步进电动机结构原理图

子、转子错齿分别为1/3 齿距（3°）和2/3 齿距（6°）。当 B 相绕组通电，A、C 绕组断电
时，电磁反应力矩使转子顺时针转动3°与 B 相的定子齿对齐，此时 A 相、C 相的定子、转
子又互相错齿，如图7-5b 所示。

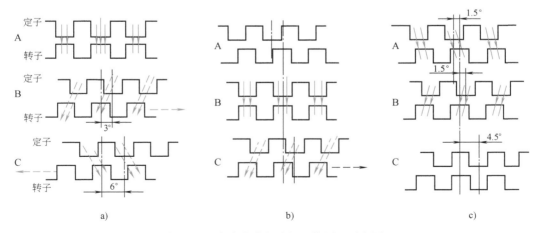

图 7-5　反应式步进电动机工作原理示意图
a）A 相通电时　b）A 相断电，B 相通电时　c）A、B 相同时通电时

　　上述通电方式 A→B→C→A→…称为"三相单三拍"分配方式。这里"三相"指三相通电绕组 A、B、C，"单"指每个状态只有一相绕组通电，"三拍"指三次换接为一个循环。"三相单三拍"通电控制方式，由于每拍只有一相绕组通电，在通电切换相序的瞬间电动机失电，将使用于重力型负载的电动机产生失步。此外，只有一相绕组通电吸引转子，易在平衡位置附近产生振荡，使运行不可靠。因此，实际应用中很少采用这种运行方式控制步进电动机，一般常用的通电方式为：三相双三拍及三相六拍方式。

　　如果通电方式为 AB→BC→CA→AB→…则称为三相双三拍工作方式。此时，步进电动机的转子按顺时针方向旋转，其步距角与三相单三拍运行方式相同，仍为 3°。若定子绕组的通电顺序为 AC→CB→BA→AC→…则步进电动机的转子就逆时针方向转动，其步距角也是 3°。

　　如果通电方式为 A→AB→B→BC→C→CA→A→…则称为三相单（双）六拍或三相六拍工作方式。其步距角为 1.5°，是三相三拍方式的一半，显然，这有利于位置控制精度的提高。图 7-5a 为 A 相绕组通电情况，定子绕组切换为 A、B 相通电时，A 相定子磁极力图不让转子转动，而保持与其定子齿对齐，而 B 相定子磁极的电磁反应力矩也力图使其顺时针转动 3°，与 B 相定子齿对齐，此时各相定转子的情况如图 7-5c 所示。转子齿与 A 相、B 相定子齿均没对齐，此位置是 A 相、B 相定子合成磁场的最强方向，即转子顺时针方向转动 1.5°。

　　由上述看出，三相双三拍和三相六拍工作方式，在状态切换时，始终有一相绕组通电，保证了状态切换过程中电动机运行的稳定和可靠。因此，这两种控制方式是实际中常采用的。推而广之，对于四相步进电动机的工作方式有：

双四拍：

AB→BC→CD→DA→AB→…

或 AB→DA→CD→BC→AB→…

四相八拍：

A→AB→B→BC→C→CD→D→DA→A…

或 A→AD→D→DC→C→CB→B→BA→A…

或 AB→ABC→BC→BCD→CD→CDA→DA→DAB→AB…

或 AB→ABD→DA→DAC→DC→DCB→CB→CBA→AB…

步进电动机的步距角 β 与相数 m，转子齿数 z，通电拍数 K 有关，其关系式为

$$\beta = \frac{360°}{mzK} \tag{7-1}$$

式中，当 $K=1$ 时，相邻两次通电相数一样；当 $K=2$ 时，相邻两次通电相数不一样。

　　由于步进电动机选型及工作方式确定后，其步距角 β 是确定的，所以步进电动机的转速 $n(\text{r/min})$，只取决于输入的指令脉冲频率 f 的大小，即

$$n = \frac{\beta \times 60f}{360} = \frac{60f}{mzK} \tag{7-2}$$

二、步进电动机的主要性能指标

　　步进电动机在实际使用中，对其基本的要求为：

1）能够迅速起动、正反转、停转及在很广的范围内进行转速调节。

2）加工精度高。运转过程中，不得丢步。

3）输出转矩大，可直接带动负载。

为了正确掌握步进电动机的使用方法，除了学习其运动控制方法外，还应对其性能指标有很好的了解。

1. 矩角特性与最大静转矩 $M_{jmax}(\text{N} \cdot \text{m})$

当定子的一相绕组通电后，转子如果没有加负载，则转子齿与通电相定子齿对准，这个位置称为步进电动机的初始平衡位置，如图 7-6a 所示。此时，定子、转子齿之间虽有较大的磁拉力，但只有径向磁拉力，而无切向磁拉力，不产生转矩，即 $M=0$。如果在转子上作用外转矩，这时转子齿轴线偏离初始平衡位置，直到电动机本身产生的转矩和外转矩平衡为止。转子偏离空载时稳定平衡位置的电角度 θ_e 称为失调角，转子因此所受的电磁转矩 M 称为静态转矩。图 7-6b 中，当 $0° < \theta_e < 90°$ 时，转子除受径向磁拉力外还受切向磁拉力作用，因而产生转矩，即 $M \neq 0$。而且，随着 θ_e 的增加，磁力线扭歪得厉害，使切向磁拉力增大，因而产生的 M 变大。当 $\theta_e = 90°$（1/4 齿距）时，转子所受切向磁拉力最大，产生的转矩最大，即 $M = M_{jmax}$。图 7-6c 中，当 $90° < \theta_e < 180°$，虽然磁力线扭歪更厉害，但由于磁阻显著增大，进入定子齿的磁力线急剧减少，所以转矩反而下降。当 $\theta_e = 180°$（定子齿对准定子槽）时，转子受到定子相邻的两个齿大小相等、方向相反的磁拉力作用，产生的转矩为零，即 $M = 0$。同理，当 $-180° < \theta_e < 0°$ 时，如图 7-6d 所示，转矩方向向右，与图 7-6b 中的转矩方向相反，如规定向右方向的转矩为正，则向左方向的转矩为负。当 $\theta_e = 180°$ 时，$M = 0$。

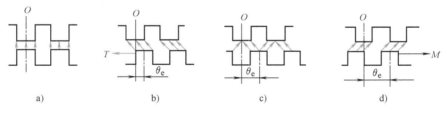

$$ \text{a)} \qquad \text{b)} \qquad \text{c)} \qquad \text{d)} $$

图 7-6　定子、转子间作用力

上述步进电动机产生的静态转矩随失调角的变化规律，称为步进电动机的矩角特性，其形状近似正弦曲线，如图 7-7 所示。矩角特性上的静态转矩最大值 M_{jmax} 称为最大静转矩。它表示了步进电动机承受负载的能力。M_{jmax} 越大，其带负载能力越强，运行的快速性及稳定性也越好。

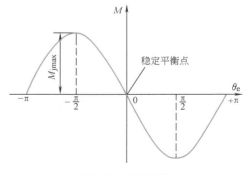

图 7-7　矩角特性

2. 空载起动频率 f_q（步/s）

电动机正常起动时（不丢步）所能承受的最高控制频率称为起动频率 f_q，它是衡量步进电动机快速性的重要技术数据。起动频率要比连续运行频率低得多，这是因为步进电动机起动时，既要克服负载力矩，又要克服运转部分的惯性矩，电动机的负担比连续运转时重。步进电动机带负载的起动频率比空载的起动频率要低。

为了防止步进电动机丢步，电动机的起动频率不应过高，起动后再逐渐升高脉冲频率。同理，步进电动机在停止运转时，也应逐渐降低脉冲频率，因而步进电动机在使用过程中，一般需有升降速过程。

3. 起动矩频特性

一般步进电动机均带有一定的负载工作，随着负载的增加，其起动频率是下降的。我们把起动频率 f_q 随负载转矩 M 下降的关系曲线称为起动矩频特性，如图7-8所示。

4. 空载运行频率 f_{max}（步/s）

步进电动机在空载起动后，连续提高脉冲频率至电动机不失步运行的最高频率，称为步进电动机的运行频率。

5. 运行矩频特性

步进电动机在连续运行时，转矩和频率的关系称为运行矩频特性。它是衡量步进电动机运转时承载能力的动态性能指标。运行矩频特性也是一条下降曲线，如图7-9所示。但连续运行频率远远高于起动频率。由图7-9可以看出，随着连续运行频率的上升，输出转矩下降，承载能力下降。

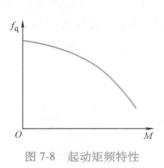

图7-8 起动矩频特性

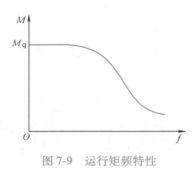

图7-9 运行矩频特性

三、步进电动机驱动电源

由步进电动机的工作原理可知，必须使其定子励磁绕组顺序通电，并具有一定功率的电脉冲信号，才能使其正常运行。步进电动机驱动电源就承担此项任务，步进电动机及其驱动电源是一个整体，通常每一种型号的步进电动机均对应一个型号的驱动电源，步进电动机的运行性能是步进电动机和驱动电源运行性能的综合结果。

驱动电源通常由脉冲发生器、环形分配器和功率放大器组成。

（1）环形分配器　环形分配器的作用是把脉冲发生器送来的一系列脉冲信号，按一定的循环规律依次分配给各绕组。环形分配器的工作由步进电动机的通电方式决定，例如"三相双三拍"和"三相六拍"等。环形分配器的功能可由硬件、软件以及软、硬件相结合的方法来实现。

（2）功率放大器　从环形分配器输出的电流一般只有几毫安，而步进电动机的励磁绕组却需要几安培的电流，因此必须有功率放大电路。

四、步进电动机驱动装置应用实例介绍

以下将通过对步进电动机产品实例的介绍，使读者了解和掌握步进电动机在实际使用时的接线方式及控制方法。生产步进电动机及驱动装置的厂家众多，本书以上海开通数控有限公司KT350系列混合式步进电动机驱动装置为例，介绍步进电动机驱动装置的使用方法。该步进电动机为五相混合式步进电动机，如图7-10所示为步进电动机驱动器的外形图。在学习步进电动机的控制前，用户需要了解接线端子排、连接器CN1及四位拨动开关的使用方法，其中接线端子排的意义见表7-1。

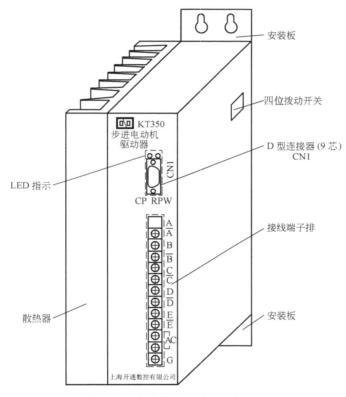

图 7-10　步进电动机驱动器的外形

表 7-1　接线端子排的意义

端子记号	名　称	意　义	线　径
A、$\overline{A}$、B、$\overline{B}$、C、$\overline{C}$、D、$\overline{D}$、E、$\overline{E}$	电动机接线端子	接至电动机 A、$\overline{A}$、B、$\overline{B}$、C、$\overline{C}$、D、$\overline{D}$、E、$\overline{E}$ 各相	≥1mm^2
AC	电源进线	1Φ 交流电源 80V（1±15%）50Hz	≥1mm^2
G	接地	接大地	≥0.75mm^2

图 7-10 中的连接器 CN1 为一个 9 芯连接器，各脚号的意义见表 7-2。

表 7-2　连接器 CN1 脚号的意义

脚　号	记　号	名　称	意　义	线　径
CN1-1 CN1-2	F/H $\overline{F/H}$	整步/半步控制端 （输入信号）	F/H 与 $\overline{F/H}$ 间电压为 4~5V 时： 整步，步距角 0.72°/P F/H 与 $\overline{F/H}$ 间电压为 0~0.5V 时： 半步，步距角 0.36°/P	0.15mm² 以上
CN1-3 CN1-4	CP（CW） $\overline{CP}$（$\overline{CW}$）	正、反转运行脉冲信号 （或正转脉冲信号） （输入信号）	单脉冲方式时，正、反转运行 脉冲（CP、$\overline{CP}$）信号； 双脉冲方式时，正转运行脉冲 （CW、$\overline{CW}$）信号	0.15mm² 以上
CN1-5 CN1-6	DIR（CCW） $\overline{DIR}$（$\overline{CCW}$）	正、反转运行方向信号 （或反转脉冲信号） （输入信号）	单脉冲方式时，正、反转运行 方向（DIR、$\overline{DIR}$）信号； 双脉冲方式时，反转运行脉冲 （CCW、$\overline{CCW}$）信号	0.15mm² 以上
CN1-7	RDY	控制回路正常 （输出信号）	当控制电源、回路正常时， 输出低电平信号	0.15mm² 以上
CN1-8	COM	输出信号公共点	RDY、ZERO 输出信号的 公共点	0.15mm² 以上
CN1-9	ZERO	电气循环原点 （输出信号）	半步运行时，每二十拍送出 一个电气循环原点， 整步运行时，每十拍送出一个 电气循环原点； 原点信号为低电平信号	0.15mm² 以上

注：单、双脉冲运行方式由拨动开关 SW 第一位确定。

图 7-10 中的拨动开关 SW 为一个四位开关，如图 7-11 所示。通过该开关可设置步进电动机的控制方式，其各位的意义如下。

第一位：脉冲控制模式的选择

OFF 位置为单脉冲控制方式，ON 位置为双脉冲控制方式。在单脉冲控制方式下，CP、$\overline{CP}$ 端子输入正、反转运行脉冲信号，而 DIR、$\overline{DIR}$ 端子输入正、反转运行方向信号。在双脉冲控制方式下，CW、$\overline{CW}$ 端子输入正转运行脉冲信号，而 CCW、$\overline{CCW}$ 端子输入反转运行脉冲信号。

第二位：运行方向的选择（仅在单脉冲方式时有效）

OFF 位置为标准设定，ON 位置为单方向运转，与

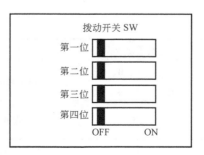

图 7-11　设定用拨动开关

OFF 状态转向相反，不受正、反转方向信号的影响。

第三位：整/半步运行模式选择

OFF 位置时电动机以半步方式运行，ON 位置时电动机以整步方式运行。

第四位：自动试机运行

OFF 位置时驱动器接受外部脉冲控制运行，ON 位置时自动试机运行，此时电动机以 50r/min（半步控制）的速度自动运行，或以 100r/min（整步控制）的速度自动运行，而不需外部脉冲输入。

此外，在驱动器的面板上还有两个 LED 指示灯，其意义为：

RPW——驱动器工作电源指示灯，驱动器通电时亮。

CP——驱动器通电情况下，电动机运行时闪烁，其闪烁的频率等于电气循环原点信号的频率。

由上述可知，该步进电动机驱动装置实现对步进电动机的控制方式主要是通过拨动开关 SW 来设置，而控制步进电动机的信号主要是通过 D 型连接器 CN1 来施加，其典型的接线图如图 7-12 所示。

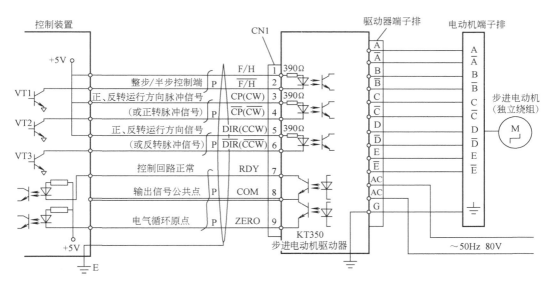

图 7-12　步进电动机的典型接线图

五、步进电动机的控制

步进电动机的控制电路可以采用硬件方式构成，这种情况下，如果需要变动控制功能，则又须重新设计硬件电路，因此灵活性差、调整困难。计算机数控技术为步进电动机的控制开辟了新的途径。原来由硬件线路实现的控制，都可由相应的计算机程序模块来实现。这样不但使控制功能增强，使电路简化、成本降低，而且可靠性也大大提高。下面以三相步进电动机为例，简要介绍计算机程序控制的方法。

1. 步进电动机运转控制

利用微型计算机的 I/O 控制接口板，可实现步进电动机的控制，如图 7-13 所示。若以

"1"（高电平）表示通电，以"0"（低电平）表示断电，使用I/O接口板的一个输出端口对步进电动机按照三相六拍方式进行控制。此时，通电顺序应为A→AB→B→BC→C→CA→…（正转）或CA→C→BC→B→AB→A→…（反转）。设步进电动机的A、B、C相分别接至I/O输出端口（地址为2000H）的A_0、A_1、A_2位，则步进电动机三相六拍环形分配表见表7-3。

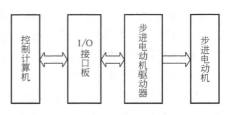

图7-13 步进电动机控制图

表7-3 步进电动机三相六拍环形分配表（正转）

控制节拍	A_2	A_1	A_0	控制输出内容	方 向
1	0	0	1	01H	反转
2	0	1	1	03H	
3	0	1	0	02H	
4	1	1	0	06H	
5	1	0	0	04H	
6	1	0	1	05H	正转

如果用C语言实现其控制动作，则应编制一个如下的循环体程序。

正转程序：
```
outportb（0x2000，0x01）;
outportb（0x2000，0x03）;
outportb（0x2000，0x02）;
outportb（0x2000，0x06）;
outportb（0x2000，0x04）;
outportb（0x2000，0x05）;
```

反转程序：
```
outportb（0x2000，0x05）;
outportb（0x2000，0x04）;
outportb（0x2000，0x06）;
outportb（0x2000，0x02）;
outportb（0x2000，0x03）;
outportb（0x2000，0x01）;
```

计算机如果执行上述循环体，则电动机将不停地旋转。如果要求电动机正方向运转，则执行第一个循环体；而如果要求电动机反方向运转，则执行第二个循环体。

2. 步进电动机速度控制

以上控制未考虑步进电动机的速度，步进电动机运转的速度，取决于输入脉冲的频率。显然，只要在控制软件中控制两个节拍进给脉冲的间隔时间，就可以方便地实现对步进电动机运转速度的控制。两个节拍间的间隔时间通常采用软件延时的方法实现，如在C语言中，可采用delay（）函数实现，delay（）函数的调用格式为

$$\text{void delay (unsigned int milliseconds)}$$

该函数表示将系统挂起，暂停一段时间。delay（）函数中的milliseconds以ms为单位。

因此，设T为步进电动机速度控制变量，则可通过以下循环体控制步进电动机按照一定

的转速进行正方向的旋转（反方向运动同理可得）。

```
outportb（0x2000，0x01）；
delay（T）；
outportb（0x2000，0x03）；
delay（T）；
outportb（0x2000，0x02）；
delay（T）；
outportb（0x2000，0x06）；
delay（T）；
outportb（0x2000，0x04）；
delay（T）；
outportb（0x2000，0x05）；
delay（T）；
```

速度控制变量 T 的确定方法为，根据数控机床的加工要求，求出电动机的转速 n（r/min），再根据步进电动机步距角 β 的大小，由式（7-2）求出相应的脉冲频率 f（Hz），即

$$f = \frac{n}{\beta \times 60} \tag{7-3}$$

则两个节拍间的间隔时间 T 可根据 $T = 1/f$ 的关系求出。

3. 步进电动机位置控制

对步进电动机实现位置控制的方法是，首先按照机械传动关系，求出丝杠位移量与步进电动机转角的关系，从而得到一定直线位移量所对应的步进电动机转角，并根据步距角的大小换算为步进电动机所应转过的步数。将该步数赋给一个变量，电动机每进给一步，控制程序自动完成减一运算，并判断是否为零。若不为零，则继续进给加工；若为零，则停止进给加工，即停止电动机的运行。

第三节　交流伺服电动机控制系统

20 世纪 80 年代以前，数控机床中采用的伺服系统一直以直流伺服电动机为主，这主要是因为直流电动机控制简单可靠、输出转矩大、调速性能好、工作平稳可靠。从 20 世纪 80 年代开始，交流伺服电动机开始引起人们的关注。近年来交流调速有了飞速发展，交流电动机的可变速驱动系统已发展为数字化，这使得交流电动机的大范围平滑调速成为现实，克服了其原有的缺点——调速性能差，使其在调速性能上已可与直流电动机相媲美，同时发挥了其结构简单坚固、容易维护、转子的转动惯量可以设计得很小、可以经受高速运转等优点。因此，在当代的数控机床上，交流伺服系统得到了广泛的应用。

交流伺服电动机分为同步型交流伺服电动机和异步型交流伺服电动机两大类型。同步型交流伺服电动机由变频电源供电时，可方便地获得与频率成正比的可变转速，可得到非常硬的机械特性及宽的调速范围。所以在数控机床的伺服系统中多采用永磁式同步型交流伺服电动机。图 7-14 给出了交流伺服电动机及其驱动器的实形图。

一、交流伺服电动机的工作原理

图 7-15 所示的转子是一个具有两个极的永磁转子。当同步型交流伺服电动机的定子绕

图 7-14　交流伺服电动机及其驱动器

组接通三相或两相交流电流时，产生圆形或椭圆形旋转磁场（N_s，S_s），以同步转速 n_s 逆时针方向旋转。根据两异性磁极互相吸引的道理，定子磁极 N_s（或 S_s）紧紧吸住转子永久磁极，以同步速 n_s 在空间旋转。即转子和定子磁场同步旋转。

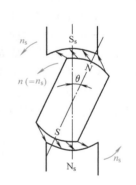

　　当转子的负载转矩增大时，定子磁极轴线与转子磁极轴线间的夹角 θ 就会增大，当负载转矩减小时，θ 角会减小，但只要负载不超过一定的限度，转子磁场就始终跟着定子旋转磁场同步转动。此时转子的转速只取决于电源频率和电动机的极对数，而与负载的大小无关。当负载转矩超过一定的限度，则电动机就会"失步"，即不再按同步转速运行甚至最后会停转。这个最大限度的转矩称为最大同步转矩。因此，使用永磁式同步电动机时，负载转矩不能大于最大同步转矩。

图 7-15　永磁式同步型交流
伺服电动机的工作原理

二、交流伺服电动机的调速方法

　　当同步型交流伺服电动机的定子绕组接通三相交流电源后，就会产生一个一定转速的旋转磁场，并吸引永磁式转子磁极同步旋转，只要负载在允许范围内，转子就会与磁场同步旋转。同步型电动机也因此而得名。

　　永磁同步型交流伺服电动机转子的转速 n（r/min）为

$$n = 60f/p \tag{7-4}$$

式中　f——电源的频率；

　　　p——磁极对数。

　　与异步型交流伺服电动机的调速方法不同［异步型电动机转子的转速 $n = (60f/p)(1 -$

s）］，同步型交流伺服电动机不能用调节转差率 s 的方法来调速，也不能用改变磁极对数 p 来调速，而只能用变频 f 的方法调速才能满足数控机床的要求，实现无级调速。

从上述内容可知，为实现同步型交流伺服电动机的调速控制，需改变交流电动机的供电频率，因此，变频器是永磁式同步型交流伺服电动机调速控制的一个关键部件。

三、交流伺服电动机驱动系统应用实例

下面以上海开通数控有限公司 KT220 系列交流伺服驱动系统为例，介绍交流伺服电动机驱动装置的使用方法。KT220 系列交流伺服驱动系统为双轴驱动，即在一个驱动模块内含有两个驱动器，可以同时驱动两个伺服电动机。为使读者了解交流伺服电动机及其驱动装置的功能及性能指标，表 7-4 和表 7-5 分别给出了交流伺服电动机部分驱动模块及电动机的规格。

表 7-4　交流伺服电动机部分驱动模块的规格

驱动模块规格	1515		3015		3030		5030		5050	
轴号	I	II	I	II	I	II	I	II	I	II
适配电动机型号	19	19	30	19	30	30	40	30	40	40
电流规格/A	15	15	25	15	25	25	50	25	50	50
控制方式	矢量控制 IPM 正弦波 PWM									
速度控制范围	1：10000									
转矩限制	0~220%额定力矩									
转矩监测	连接 DC　1mA 表头									
转速监测	连接 DC　1mA 表头									
反馈信号	增量式编码器 2048P/R（标准）									
位置输出信号	相位差为 90° 的 A、$\overline{A}$、B、$\overline{B}$ 及 Z、$\overline{Z}$									
报警功能	过流，短路，过速，过热，过压，欠压									

表 7-5　交流伺服电动机的规格

类　　别	交流伺服电动机					
型　　号	19		30		40	
额定输出/kW	0.39	0.53	1.1	1.6	3.0	4.4
额定转矩/N·m	1.8	2.6	5.3	7.6	14.3	21.0
零速转矩/N·m	2.1	3.3	6.8	10.0	21.0	30.0
最大转矩/N·m	5.9		19.6		45.0	
转动惯量/kg·cm^2	0.0042		0.021		0.135	
额定转速/(r/min)	2000					
最高转速/(r/min)	2000					
内装件	增量式光电编码器，冷却风扇（风冷），温度传感器					
选择件	机械式制动器					

由表 7-4 和表 7-5 可以看出，交流伺服电动机本身已附装了增量式光电编码器，用于电动机控制速度及位置反馈。目前许多数控机床均采用这种半闭环的控制方式，而无需在机床导轨上安装传感器。若需全闭环控制，则需在机床上安装光栅等传感器。

此外，由表 7-4 可以看出，在交流伺服电动机驱动模块中还有转矩监测和转速监测两个

输出信号，供用户对电动机的转矩和转速进行监测。

交流伺服电动机驱动器的外形如图7-16所示，其面板由四部分组成，即左侧的接线端子排、Ⅰ轴信号连接器、Ⅱ轴信号连接器以及工作状态显示部分。作为交流伺服电动机的用户来讲，重点应掌握这几部分的含义及与电动机的连接方式，下面我们将重点介绍这些内容。首先表7-6给出了接线端子排中各端子的意义。

表7-6中再生放电电阻的作用是通过泄放能量来达到限制电压的目的。KT220伺服驱动器需外接再生放电电阻。机械负载惯量折算到电动机轴端为电动机惯量的四倍以下时，一般都能正常运行。当惯量太大时，在电动机减速或制动时将出现过电压报警，即面板上的ALM（Ⅰ）、ALM（Ⅱ）灯亮。表7-6中其他接线端子接线的方式可参见标准接线图7-17。

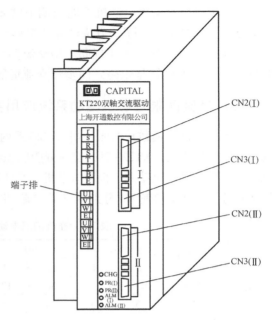

图7-16 交流伺服电动机驱动器外形图

图7-16中Ⅰ轴信号连接器CN2与Ⅱ轴信号连接器CN2相同，其各脚号的意义见表7-7。图7-16中CN3为编码器连接器端子，其各脚号的意义见表7-8。

表7-6 接线端子排的意义

	端子记号	名 称	意 义
TB1 输入侧	r、s	控制电源端子	1Φ 交流电源 220V（−15%～+10%）50Hz
	R、S、T	主回路电源端子	3Φ 交流电源 220V（−15%～+10%）50Hz
	P、B	再生放电电阻端子	接外部放电电阻
	E	接地端子	接大地
TB2 输出侧	UI、VI、WI、EI	电动机接线端子	接至电动机Ⅰ的T1、T2、T3三相进线及接地
	UII、VII、WII、EII	电动机接线端子	接至电动机Ⅱ的T1、T2、T3三相进线及接地

表7-7 信号连接器各脚号的意义（Ⅰ、Ⅱ轴相同）

脚 号	记 号	名 称	意 义
CN2-1	−5V	−5V 电源	调试用，用户不能使用
CN2-2	GND	信号公共端	
CN2-7	+DIFF	速度指令（+差动）	0～±10V 对应于
CN2-19	−DIFF	速度指令（−差动）	0～±2000r/min
CN2-22	BCOM	0V（+24V）	+24V 的参考点
CN2-23	−ENABLE	负使能（输入）	接入+24V，允许反转
CN2-11	+ENABLE	正使能（输入）	接入+24V，允许正转
CN2-8	TORMO	转矩监测（输出）	输出与电动机转矩成比例的电压 （±2V 对应于±最大转矩）

（续）

脚　号	记　号	名　称	意　义
CN2-20	VOMO	转速监测（输出）	输出与电动机转速成比例的电压 （±2V 对应于±最大转速）
CN2-21	GND	监测公共点	
CN2-18	$\overline{Z}$	$\overline{Z}$ 相信号（输出）	
CN2-5	Z	Z 相信号（输出）	
CN2-17	$\overline{B}$	$\overline{B}$ 相信号（输出）	
CN2-4	B	B 相信号（输出）	编码器脉冲输出（线驱动方式）
CN2-16	$\overline{A}$	$\overline{A}$ 相信号（输出）	
CN2-3	A	A 相信号（输出）	
CN2-6	GND	信号公共端	
CN2-14	E	接地端子	用于屏蔽线接地
CN2-24	PR	驱动能使（输入）	接+24V，允许电机运行
CN2-13	RCOM	伺服准备好公共端	集电极开路输出
CN2-12	READY	伺服准备好（输出）	正常时，输出三极管射极、集电极导通
CN2-15	+5V	+5V 电源	调试用，用户不能使用

表 7-8　编码器连接器端子脚号的意义（Ⅰ、Ⅱ轴相同）

脚　号	记　号	名　称	编码器侧连接器端子
CN3-1	Z	Z 相信号	C
CN3-2	$\overline{B}$	$\overline{B}$ 相信号	I
CN3-3	B	B 相信号	B
CN3-4	$\overline{A}$	$\overline{A}$ 相信号	H
CN3-5	A	A 相信号	A
CN3-6	$\overline{Z}$	$\overline{Z}$ 相信号	J
CN3-7	GND	信号公共端（0V）	F
CN3-8	+5V	（+5V）电源	D
CN3-9	E	接线端子、接屏蔽线	G

表 7-7 中一些信号的说明如下：

（1）速度指令信号±DIFF（CN2-7、CN2-19）　速度指令信号范围为 0～±10V，对应电动机转速 0～±最大转速，当+DIFF 处输入电压相对于-DIFF 为正电压时，电动机正转（从负载侧看为反时针方向）；当+DIFF 处输入电压相对于-DIFF 为负电压时，电动机反转。

（2）驱动使能信号 PR（CN2-24）　驱动使能信号与+24V 接通，速度指令电压有效，若在电动机运转时断开，电动机将自由运转直至停止。

（3）正使能信号+ENABLE（CN2-11）　正使能信号与+24V 接通后允许电动机正转，又可作正向限位开关的常闭触点，一旦被断开，那么正转转矩指令即为零，此时电动机立即停止转动。

（4）负使能信号-ENABIE（CN2-23）　负使能信号与+24V 接通后允许电动机反转，又可作负向限位开关的常闭触点，一旦被断开，那么反转转矩指令即为零，此时电动机立即停止转动。

141

（5）伺服准备好信号 READY（CN2-12）　当开机正常，驱动器输出伺服准备好信号。

表 7-8 中，驱动器连接器端子 CN3 与编码器侧连接器的连接方式，可参见图 7-17。此外，应注意 CN2 中编码器脉冲的输出信号是供控制器进行位置监测使用的信号。

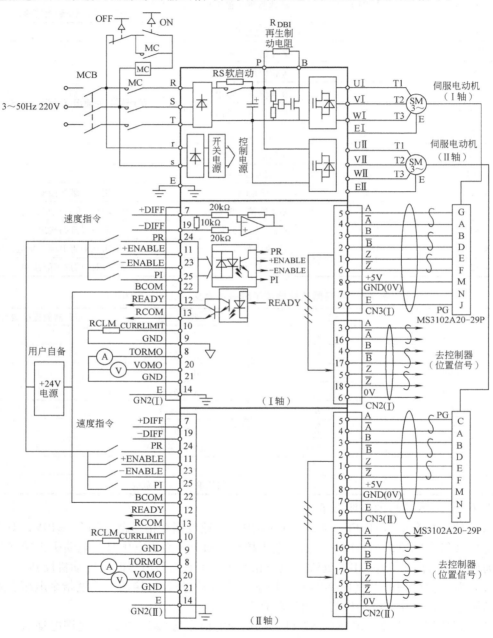

图 7-17　KT220 标准接线图

由此可以看出，对于交流伺服电动机的控制主要是通过 CN2-7、CN2-19 输入 0～±10V 的模拟信号，控制电动机的转速和转向。交流伺服电动机与伺服驱动系统及数控系统的典型连接图，如图 7-18 所示。

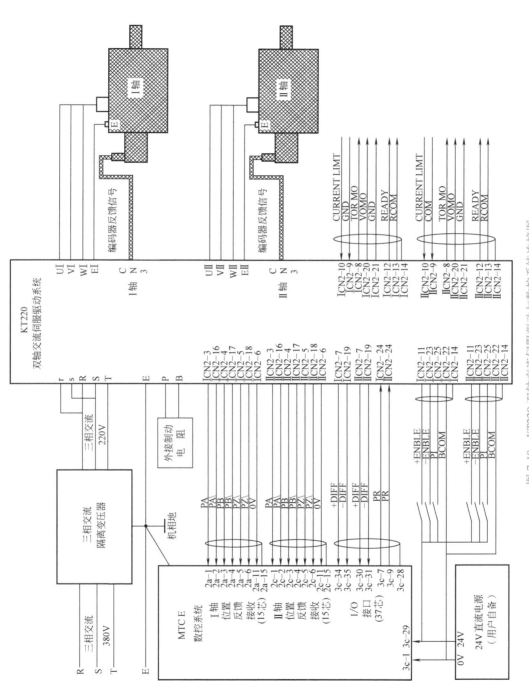

图 7-18　KT220 双轴交流伺服驱动与数控系统连接图

一些厂家的交流伺服驱动器（如 Panasonic 的全数字式交流伺服驱动器）还带有 RS-232C 串行接口，通过该接口可将计算机与交流伺服驱动器相连，并且由计算机对交流伺服驱动器进行控制和操作。用户可以通过计算机对所联的交流伺服驱动器进行参数设置和修改，也可以通过计算机的 CRT 来监视交流伺服驱动器的工作状况。计算机控制系统的构成如图 7-19 所示。

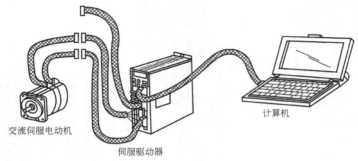

图 7-19　交流伺服电动机计算机控制系统

四、交流伺服电动机与步进电动机的性能比较

在交流伺服电动机中，由于在控制中采用积分反馈来校验伺服电动机的位置，系统可以平稳地起动，而不会产生失步现象。而在步进电动机中，由于是开环控制，系统经常会由于突然的负载变化和加减速而产生失步现象。在交流伺服电动机中，由于编码器的反馈信号可达 4000P/r，系统在低速运行及加、减速时都能保持平稳运行。图 7-20 所示为步进电动机与交流伺服电动机运行的情况比较，由图可以看出，伺服电动机不再出现锯齿现象。

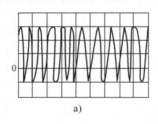 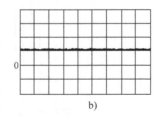

a)   b)

图 7-20　步进电动机与交流伺服电动机运行情况比较

a）步进电动机，10r/min 时速度波形　b）伺服电动机，10r/min 时速度波形

另外交流伺服电动机与步进电动机相比，具有稳定的转矩特性，如图 7-21 所示。由于从低速到高速（最大转速为 4500r/min）都具有稳定的转矩特性，交流伺服电动机可达到更高的生产速度。

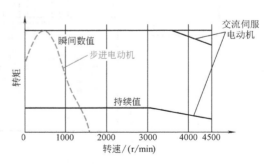

图 7-21　步进电动机与交流伺服电动机转矩速度曲线比较

由以上两个电动机的主要运行性能比较来看，交流伺服电动机的运行性能要远远优于步进电动机。因此，在数控机床上交流伺服电动机得到了广泛的应用，而步进电动机仅仅用于

旧机床数控改造或精度要求较低的数控机床上。

第四节　直流伺服电动机控制系统

直流（DC）伺服系统在 20 世纪 70、80 年代的数控机床上占据着主导地位。大惯量直流伺服电动机具有良好的调速性能，输出转矩大、过载能力强。小惯量直流伺服电动机具有可频繁起动、制动和快速定位与切削的特点。其主要缺点为结构较复杂，电刷和换向器需经常维护。也正因此使交流（AC）伺服电动机有取代直流（DC）伺服电动机的趋势。图 7-22 所示为一些直流伺服电动机及其驱动器的实形图。

图 7-22　直流伺服电动机及其驱动器

一、电磁力定律和电磁感应定律

直流电动机的工作原理，主要是基于电磁力定律和电磁感应定律。因此在学习直流电动机时，首先要掌握这两条定律。

电磁力定律的内容是，载流导体在磁场中要受到电磁力的作用，当导体与磁场方向垂直时，电磁力 F 的大小为

$$F = ILB \tag{7-5}$$

式中　F——电磁力（N）；

　　　I——电流（A）；

　　　L——导线长度（m）；

　　　B——磁感应强度（T）。

I、B 和 F 的方向符合左手定则，即 B 由左掌心穿过，四指指着 I 的方向，则拇指指着 F 的方向，如图 7-23 所示。

电磁感应定律的内容是，当导体在磁场中运动并切割磁力线时，导体中要产生感应电动势，当运动速度 v、磁感应强度 B 和导体长度 L 三者互相垂直时，感应电动势 E 的大小为

$$E = vBL \tag{7-6}$$

E、B、v 的方向符合右手定则，即 B 由右掌心穿过，拇指指向 v 的方向，则其余四指指向 E 的方向，如图 7-24 所示。

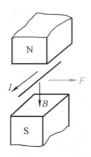

图 7-23　载流导体在磁场中受力

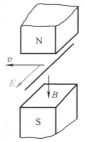

图 7-24　运动导体产生感应电动势

二、直流伺服电动机的结构与工作原理

图 7-25 所示为一个简单的直流电动机模型，该模型电动机包括三个部分：固定的磁极、电枢、换向片与电刷。当将直流电压加到 A、B 两电刷之间，电流从 A 电刷流入，从 B 电刷流出，载流导体 ab 在磁场中受的作用力 F 按左手定则指向逆时针方向。同理，载流导体 cd 受到的作用力也是逆时针方向的。因此，产生的电磁转矩是逆时针方向的，转子逆时针方向旋转起来。当电枢恰好转过 90°，电枢线圈将处于磁极的中性面内（这时，线圈不切割磁力线），因此无电磁转矩。但由于惯性的作用，电枢将继续转动，当

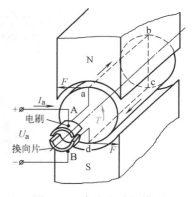

图 7-25　直流电动机模型

电刷与换向片再次接触时，导体 ab 和 cd 交换了位置（以中性面上下分）。因此，导体 ab 和 cd 中的电流方向就会改变。这就保证了电枢受到的电磁转矩方向不变，因而电枢可以连续转动。从上面的分析可以看出，要保持电磁转矩的方向不变，则导体从一个磁极下（如 N 极）转到另一个磁极下（如 S 极）时，导体中的电流方向必须相应地改变。换向片与电刷就是实现这一任务的机械式的"换流装置"，换向片的名称也是由此而得的。

实际电动机的结构比较复杂，为了得到足够大的转矩，在电枢上安装了许多绕组。

三、电磁转矩与电枢反电动势

1. 电磁转矩

我们已知载流导体在磁场中受到的电磁力 $F = ILB$。根据这个关系式可以推得直流电动机电枢所受到的电磁转矩为

$$M_{em} = C_m \Phi I_a \qquad (7\text{-}7)$$

式中　M_{em}——电磁转矩（N·m）；

　　　C_m——电动机的一个常数；

　　　Φ——主磁场每极下的气隙总磁通（Wb）；

　　　I_a——电枢电流（A）。

当磁通 Φ 为常值时，上式可写为

$$M_{em} = K_m I_a \qquad (7\text{-}8)$$

式中　K_m——转矩系数。

2. 电枢反电动势

当导体在磁场中运动并以速度 v 切割磁力线时，导体中产生的感应电动势为 $E = vBL$。根据此式可以推得直流电动机电枢绕组中感应电动势（在电动机中称为电枢反电动势）为

$$E_a = C_e \Phi n \qquad (7\text{-}9)$$

式中　C_e——电动势常数，是由电动机的结构决定的；

　　　n——电枢的转速。

当磁通 Φ 为常数时，上式可写成

$$E_a = K_e n \qquad (7\text{-}10)$$

式中　K_e——反电动势系数。

四、直流电动机的静态特性与控制方法

当直流电动机的控制电压和负载转矩不变，电动机的电流和转速达到恒定的稳定值时，就称电动机处于静态（或稳态），此时直流电动机所具有的特性称为静态特性。电动机的静态特性一般包括机械特性（转速与转矩的关系）和调节特性（转速与控制电压的关系）。

直流电动机的电枢是由线圈组成的，设电枢绕组的电阻和电感分别为 R_a 和 L_a（由电枢磁通形成）。当直流电动机转动时，电枢中又有电枢反电动势 E_a（由主磁极磁通形成），因此在电路图中电枢回路可用图 7-26 表示。根据该图所规定的各物理量的正方向和电学中的基尔霍夫定律可得

$$U_a = L_a \frac{dI_a}{dt} + I_a R_a + E_a \qquad (7\text{-}11)$$

此式称为直流电动机的动态电压平衡方程式。当电流 I_a 稳定不变时，上式变为

$$U_a = I_a R_a + E_a \qquad (7\text{-}12)$$

此式称为静态电压平衡方程式。

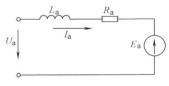

图 7-26　电枢等效电路图

由式（7-12）和式（7-9）可推得

$$I_a = \frac{U_a - E_a}{R_a} = \frac{U_a - C_e \Phi n}{R_a} \qquad (7\text{-}13)$$

上式反映了电动机转速 n 和电枢电压 U_a、磁通 Φ、电枢电流 I_a 之间的关系，而电枢电流和电磁转矩的关系为

$$M = C_m \Phi I_a$$

由此可得

$$n = \frac{U_a}{C_e \Phi} - \frac{M R_a}{C_e C_m \Phi^2} \tag{7-14}$$

由式（7-14）可知，当转矩 M 一定时，转速 n 是电枢电压 U_a 和磁通 Φ 的函数。它表明了电动机的控制特性，就是说，改变 U_a 或 Φ 都可以达到调节转速 n 的目的。通过调节电枢电压 U_a 来控制转速的方法称为"电枢控制"；通过调节磁通 Φ（改变励磁电压 U_f）来控制转速的方法称为"磁场控制"。这两种控制方法是不同的，"电枢控制"，转速 n 和控制量 U_a 之间是线性关系；而"磁场控制"，转速 n 和控制量 Φ 是非线性关系。因此，在伺服系统中多采用"电枢控制"。

1. 机械特性

由式（7-14）可知，当电枢电压 U_a 和磁通 Φ 一定时，转速 n 是转矩 M 的函数，它表明了电动机的机械特性。其函数图形如图 7-27 所示。

在理想的空载情况下，即电磁转矩 $M = 0$ 时，理想空载转速为

$$n_0 = \frac{U_a}{C_e \Phi} \tag{7-15}$$

由式（7-14）可见，当 $n = 0$ 时，有

$$M = M_d = \frac{U_a}{R_a} C_m \Phi \tag{7-16}$$

M_d 称为起动转矩。

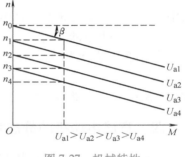

图 7-27 机械特性

$$函数线的斜率 \tan\beta = \frac{\Delta n}{\Delta M} = \frac{R_a}{C_e C_m \Phi^2} \tag{7-17}$$

它表明了机械特性的硬软程度，β 角越小，说明转速 n 随转矩 M 变化的越小，即机械特性比较硬；β 角越大，说明转速随转矩变化的越大，即机械特性比较软。从电动机控制的角度，希望机械特性硬些好。

$\tan\beta$ 与电枢电压无关，如果改变电枢电压 U_a，可得到一组平行直线，如图 7-27 所示。由图可见，提高电枢电压，机械特性直线平行上移。在相同转矩时，电枢电压越高，静态转速越高。

2. 调节特性

调节特性指的是电磁转矩（或负载转矩）一定时电动机的静态转速与电枢电压的关系。调节特性表明电压 U_a 对转速 n 的调节作用。图 7-28 是转速 n 和控制电压 U_a 在不同转矩值时的一族调节特性曲线。

由图 7-28 可见，当负载转矩为零时，电动机的起动是没有死区的。如果负载转矩不为零，则调节特性就出现了死区。只有电枢电压 U_a 大到一定值，所产生的电磁转矩大到足以克服负载转矩，电动机才能开始转动，并随着电枢电压的提高，转速也逐渐提高。电动机开始连续旋转所需的最小电枢电压 U_d 称为始动电压。由式（7-14）可知，当 $n = 0$ 时，有

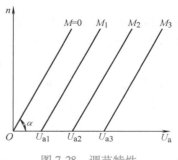

图 7-28 调节特性

$$U_a = U_d = \frac{MR_a}{C_m \Phi} \qquad (7-18)$$

可见，始动电压和负载转矩成正比。始动电流 I_d 为

$$I_d = \frac{U_d}{R_a} = \frac{M}{C_m \Phi} \qquad (7-19)$$

综上所述，直流电动机采用电枢控制时，机械特性和调节特性都是直线，特性族是平行直线，这是很大的优点，给控制系统设计带来方便。

思考题与习题

7-1 反应式步进电动机是怎样工作的？

7-2 为什么步进电动机的技术数据中步距角有两个值？

7-3 何谓反应式步进电动机的运行矩频特性，起动矩频特性？

7-4 某五相步进电动机转子有 48 个齿，计算其单拍制和双拍制的步距角。

7-5 为什么经济型数控系统采用以步进电动机为驱动元件的开环伺服系统？

7-6 同步电动机是如何实现同步转速的，与异步电动机有何不同？

7-7 常用的交流伺服电动机有哪几种？

7-8 交流伺服电动机与步进电动机的性能有何差异？

7-9 直流电动机有哪些主要部件？其结构和作用如何？

7-10 什么叫直流伺服电动机的死区？其大小是什么原因造成的？

7-11 一台直流伺服电动机带动一恒转矩负载，测得始动电压为 4V，当电枢电压为 50V 时，其转速为 1500r/min。若要转速达到 3000r/min，要加多大的电枢电压？

第八章

数控系统插补原理

第一节 概 述

机床数控系统轮廓控制的主要问题，就是如何控制刀具或工件的运动轨迹。一般情况是已知运动轨迹的起点坐标、终点坐标、曲线类型和走向，由数控系统实时地计算出各个中间点的坐标。即需要"插入、补上"运动轨迹各个中间点的坐标，通常将这个过程称为"插补"。插补结果是输出运动轨迹的中间点坐标值，机床伺服系统根据此坐标值控制各坐标轴的相互协调的运动，走出预定轨迹。

插补可用硬件或软件来实现。早期的硬件数控系统（NC）中，都采用硬件的数字逻辑电路来完成插补工作。在 NC 系统中，数控装置采用了电压脉冲作为插补点坐标增量输出，其中每一脉冲都在相应的坐标轴上产生一个基本长度单位的运动，即每一脉冲对应着一个基本长度单位。这些脉冲可用来驱动开环控制系统中的步进电动机，也可用来驱动闭环系统中的直流伺服电动机。数控装置每输出一个脉冲，机床的执行部件移动一个基本长度单位，称之为脉冲当量。脉冲当量的大小决定了加工精度，发送给每一坐标轴的脉冲数目决定了相对运动距离，而脉冲的频率代表了坐标轴速度。

在计算机数控系统（CNC）中，插补工作一般由软件完成。也有用软件进行粗插补，用硬件进行细插补的 CNC 系统。在 CNC 系统中，信息以二进制形式编排、处理和存储。二进制的每一位（Bite）代表一个基本长度单位。二进制的 Bite 与 NC 系统的脉冲当量等价。

软件插补方法分为两类，即基准脉冲插补法和数据采样插补法。基准脉冲插补法是模拟硬件插补的原理，即把每次插补运算产生的指令脉冲输出到伺服系统，以驱动机床部件运动。该方法插补程序比较简单，但由于输出脉冲的最大速度取决于执行一次运算所需的时间，所以进给速度受到一定的限制。这种插补方法一般用在进给速度不是很大的数控系统或开环数控系统中。基准脉冲插补有多种方法，最常用的是逐点比较插补法和数字积分插补法。

软件插补的第二类方法是数据采样插补法。该方法用在闭环数控系统中，插补结果输出的不是脉冲，而是数据。计算机定时地对反馈回路采样，得到采样数据与插补程序所产生的指令数据相比较后，以误差信号输出，驱动伺服电动机。采样周期各系统不尽相同，一般取10ms 左右。这种插补方法所产生的最大速度不受计算机最大运算速度的限制，但插补程序比较复杂。

第二节　逐点比较插补法

逐点比较插补法通过逐点地比较刀具与所需插补曲线的相对位置，确定刀具的坐标进给方向，以加工出零件的廓形。

图 8-1 中曲线 AB 是需要插补的曲线，用逐点比较法插补前先要根据曲线 AB 的形状构造一个函数

$$F = F(x, y)$$

式中　x、y——刀具的坐标。

函数 F 的正负必须反映出刀具与曲线的相对位置关系，设这种关系为

$$\begin{cases} F(x, y) > 0 & \text{刀具在曲线上方} \\ F(x, y) = 0 & \text{刀具在曲线上} \\ F(x, y) < 0 & \text{刀具在曲线下方} \end{cases}$$

由于 $F(x, y)$ 反映了刀具偏离曲线的情况，因此称为偏差函数。

逐点比较插补法的程序流程如图 8-2 所示，一个插补循环由偏差判别、进给、偏差计算和终点判别四个工作节拍组成。各节拍的功能如下：

（1）偏差判别　判别偏差函数的正、负，以确定刀具相对于所加工曲线的位置。

（2）进给　根据上一节拍的判断结果确定刀具的进给方向。若偏差函数 $F(x, y)$ 小于 0，说明刀具在曲线下方（图 8-1 中的 P_0 点）。这时，为了让刀具向曲线靠近并朝曲线的终点运动，应使刀具沿 Y 轴正向走一步。若偏差函数大于 0，说明刀具在曲线上方（图 8-1 中的 P_1 点）。这时，应让刀具沿 X 轴正向走一步。若偏差等于 0，说明刀具正好位于曲线上（图 8-1 中的 P_2 点）。这时，为了使刀具向曲线终点移动，让刀具沿 X 轴或 Y 轴正向走一步均可。

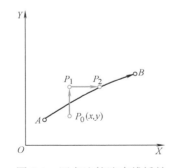

图 8-1　逐点比较法直线插补

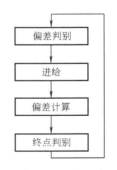

图 8-2　逐点比较插补法的程序流程

（3）偏差计算　计算出刀具进给后在新位置上的偏差值，为下一插补循环做好准备。

（4）终点判别　判断刀具是否到达曲线的终点。若到达终点，则插补工作结束；若未到终点，则返回到节拍（1）继续插补。

以上四个节拍不断循环，就可加工出所要求的曲线。

下面介绍平面直线和平面圆弧的逐点比较插补法。

一、平面直线插补

1. 偏差函数

如图 8-3 所示，OA 是要加工的直线。T 表示刀具，坐标为 (x, y)。点 P 位于直线上，横坐标与刀具位置的横坐标相同，纵坐标为 $\bar{Y}$。

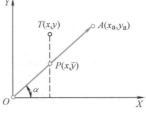

图 8-3　直线插补

直线插补中，偏差函数定义为

$$F = (y - \bar{y})x_a \tag{8-1}$$

点 P 的坐标 $(x, \bar{y})$ 满足直线方程

$$\bar{y} = \frac{y_a}{x_a}x$$

把上式代入式（8-1），则偏差函数可表示为

$$F = \left(y - \frac{y_a}{x_a}x\right)x_a = x_a y - y_a x \tag{8-2}$$

若刀具位于直线上方，则 $y > \bar{y}$，且 $x_a > 0$，因而，$F = (y-\bar{y})x_a > 0$；
若刀具位于直线上，则 $y = \bar{y}$，所以，$F = (y-\bar{y})x_a = 0$；
若刀具位于直线下方，则 $y < \bar{y}$，又因 $x_a > 0$，所以，$F = (y-\bar{y})x_a < 0$。
综上所述，在直线插补中，偏差函数与刀具位置的关系为

$$\begin{cases} F > 0 & \text{刀具在直线上方} \\ F = 0 & \text{刀具在直线上} \\ F < 0 & \text{刀具在直线下方} \end{cases} \tag{8-3}$$

2. 进给方向与偏差计算

插补前，刀具位于直线起点，即坐标原点 O，其坐标为 $x_0 = 0$、$y_0 = 0$。由式（8-2）知，这时偏差函数为：

$$F_0 = x_a y_0 - y_a x_0 = 0 \tag{8-4}$$

设某时刻刀具运动到 $P_1(x_i, y_i)$，该点的偏差值为

$$F_i = x_a y_i - y_a x_i \tag{8-5}$$

若点 P_1 在直线上或直线上方，如图 8-4a 所示，由式（8-3）可知，这时式（8-5）确定的偏差值大于或等于 0。为使刀具向直线的终点运动并靠近直线，应让刀具沿 X 轴正向走一步，到达点 $P_2(x_{i+1}, y_{i+1})$。P_1、P_2 两点坐标的关系为

$$x_{i+1} = x_i + 1, \quad y_{i+1} = y_i$$

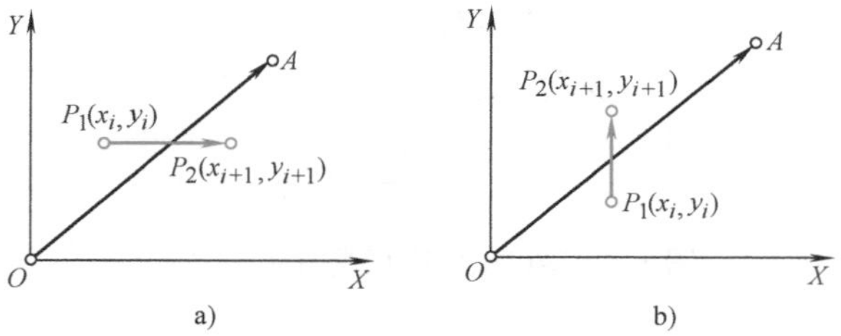

刀具在点 P_2 时的偏差值为

$$F_{i+1} = x_a y_{i+1} - y_a x_{i+1} = x_a y_i - y_a(x_i + 1) = (x_a y_i - y_a x_i) - y_a$$

由式（8-5），上式可化简为

$$F_{i+1} = F_i - y_a \tag{8-6}$$

图 8-4　直线插补进给方向

若点 P_1 在直线下方，如图 8-4b 所示，由式（8-3）可知，这时偏差值小于 0。应让刀具沿 Y 轴正向走一步，到达点 P_2 (x_{i+1}, y_{i+1})。P_1、P_2 两点坐标的关系为

$$x_{i+1} = x_i, \qquad y_{i+1} = y_i + 1$$

刀具在点 P_2 时，偏差函数的值为

$$F_{i+1} = x_a y_{i+1} - y_a x_{i+1} = x_a(y_i + 1) - y_a x_i = (x_a y_i - y_a x_i) + x_a$$

把式（8-5）代入，上式化简为

$$F_{i+1} = F_i + x_a \tag{8-7}$$

式（8-4）与式（8-6）或式（8-7）组成了偏差函数的递推计算公式。与式（8-2）给出的直接计算法相比，递推计算法只用加、减法，不用乘、除法，计算简便，速度快。递推计算法只用到直线的终点坐标，因而插补中不需计算和保存刀具的中间坐标。这样减少了计算量和运算时间，提高了插补速度。

总结逐点比较法直线插补的计算过程，见表 8-1。

表 8-1　直线插补计算过程

偏 差 情 况	进 给 方 向	偏 差 计 算
$F_i \geqslant 0$	$+X$	$F_{i+1} = F_i - y_a$
$F_i < 0$	$+Y$	$F_{i+1} = F_i + x_a$

3. 终点判别

由于插补误差的影响，在有些情况下，刀具的横坐标 x_i 与纵坐标 y_i 不可能同时满足以下两式

$$\begin{cases} x_i = x_a \\ y_i = y_a \end{cases}$$

即刀具的运动轨迹可能不通过所需加工直线的终点 $A(x_a, y_a)$。因此，不能用以上条件来判断直线是否加工完毕。通常根据刀具沿 X、Y 轴所走的总步数判断终点。

从直线的起点 O 移动到终点 A（图 8-3），刀具沿 X、Y 两坐标轴应走的总步数 N 为

$$N = x_a + y_a \tag{8-8}$$

刀具运动到某点 $P(x_i, y_i)$ 时，沿 X、Y 轴已经走过的步数 n 为

$$n = x_i + y_i \tag{8-9}$$

若 n 与 N 相等，说明直线已加工完毕，插补过程应该结束；否则，说明直线还没有加工完毕。

对于逐点比较插补法，每进行一个插补循环，刀具或者沿 X 轴走一步，或者沿 Y 轴走一步，因此插补循环数与刀具沿 X、Y 轴已走的总步数相等。这样就可以根据插补循环数 i 与刀具沿 X、Y 轴应进给的总步数 N 是否相等来判断终点，即直线加工结束的条件为

$$i = N \tag{8-10}$$

4. 插补程序及举例

图 8-5 为逐点比较法直线插补的程序流程图。图 8-5 中 i 是插补循环数，F_i 是第 i 个插补循环时的偏差函数值，(x_a, y_a) 是直线的终点坐标，N 是加工完直线时刀具沿 X、Y 轴应进给的总步数。插补时钟是一脉冲源，它可发出一列频率稳定的脉冲序列。

153

插补前刀具位于直线的起点，即坐标原点，这时偏差值 F_i 为零，循环数 i 也为零。

在每一个插补循环的开始，程序处于"原地等待"。插补时钟发出一个脉冲后，程序跳出等待状态，往下进行。这样插补时钟每发出一个脉冲，程序就进行一个插补循环，从而用插补时钟控制了插补速度，也控制了刀具进给速度。

接着进行偏差判别：若偏差值大于或等于0，进给方向应为 X 轴正向，刀具进给后偏差值应变为 $(F_i - y_a)$；若偏差值小于0，进给方向应为 Y 轴正向，进给后偏差值应为 $(F_i + x_a)$。

一个插补循环结束前，插补循环数增加1。

最后进行终点判别。若插补循环数 i 与 N 相等，应结束插补工作；若小于 N，则继续进行插补。

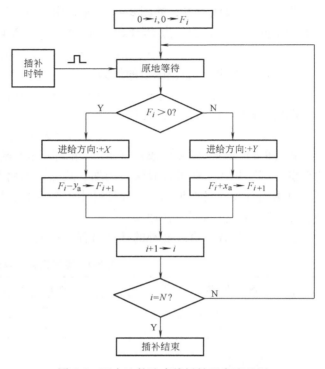

图 8-5　逐点比较法直线插补程序流程图

例 8-1　需加工的直线如图8-6所示，直线的起点坐标为坐标原点，终点坐标为（10，5）。试用逐点比较法对该段直线进行插补，并画出插补轨迹。

解　由式（8-8）知，加工完该段直线刀具沿 X、Y 轴应走的总步数为

$$N = x_a + y_a = 10 + 5 = 15$$

插补的运算过程见表 8-2。表中第一栏是插补时钟所发出的脉冲个数。插补轨迹如图8-6所示。

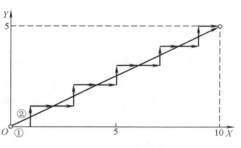

图 8-6　逐点比较法直线插补轨迹

表 8-2　逐点比较直线插补运算过程

脉冲个数	偏差判别	进给方向	偏差计算	终点判别
0			$F_0 = 0$	$i = 0$
1	$F_0 = 0$	$+X$	$F_1 = F_0 - y_a = 0 - 5 = -5$	$i = 0 + 1 = 1 < N$
2	$F_1 = -5 < 0$	$+Y$	$F_2 = F_1 + x_a = -5 + 10 = 5$	$i = 1 + 1 = 2 < N$
3	$F_2 = 5 > 0$	$+X$	$F_3 = F_2 - y_a = 5 - 5 = 0$	$i = 2 + 1 = 3 < N$
4	$F_3 = 0$	$+X$	$F_4 = F_3 - y_a = 0 - 5 = -5$	$i = 3 + 1 = 4 < N$
5	$F_4 = -5 < 0$	$+Y$	$F_5 = F_4 + x_a = -5 + 10 = 5$	$i = 4 + 1 = 5 < N$
6	$F_5 = 5 > 0$	$+X$	$F_6 = F_5 - y_a = 5 - 5 = 0$	$i = 5 + 1 = 6 < N$

（续）

脉冲个数	偏差判别	进给方向	偏差计算	终点判别
7	$F_6 = 0$	$+X$	$F_7 = F_6 - y_a = 0 - 5 = -5$	$i = 6 + 1 = 7 < N$
8	$F_7 = -5 < 0$	$+Y$	$F_8 = F_7 + x_a = -5 + 10 = 5$	$i = 7 + 1 = 8 < N$
9	$F_8 = 5 > 0$	$+X$	$F_9 = F_8 - y_a = 5 - 5 = 0$	$i = 8 + 1 = 9 < N$
10	$F_9 = 0$	$+X$	$F_{10} = F_9 - y_a = 0 - 5 = -5$	$i = 9 + 1 = 10 < N$
11	$F_{10} = -5 < 0$	$+Y$	$F_{11} = F_{10} + x_a = -5 + 10 = 5$	$i = 10 + 1 = 11 < N$
12	$F_{11} = 5 > 0$	$+X$	$F_{12} = F_{11} - y_a = 5 - 5 = 0$	$i = 11 + 1 = 12 < N$
13	$F_{12} = 0$	$+X$	$F_{13} = F_{12} - y_a = 0 - 5 = -5$	$i = 12 + 1 = 13 < N$
14	$F_{13} = -5 < 0$	$+Y$	$F_{14} = F_{13} + x_a = -5 + 10 = 5$	$i = 13 + 1 = 14 < N$
15	$F_{14} = 5 > 0$	$+X$	$F_{15} = F_{14} - y_a = 5 - 5 = 0$	$i = 14 + 1 = 15 = N$

二、平面圆弧插补

1. 偏差函数

设要插补圆弧 $\overset{\frown}{AB}$（图 8-7）。圆弧的圆心在坐标原点，半径为 R，起点为 A，终点为 B。点 T 是刀具某时刻的位置。

圆弧插补时偏差函数定义为

$$F = \overline{OT}^2 - R^2 \qquad (8\text{-}11)$$

式中　$\overline{OT}$——刀具离开原点的距离。其计算式如下

$$\overline{OT} = \sqrt{x^2 + y^2}$$

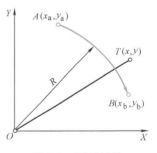

图 8-7　圆弧插补

把上式代入式（8-11），得到偏差函数与刀具坐标（x，y）的关系为

$$F = x^2 + y^2 - R^2 \qquad (8\text{-}12)$$

若刀具在圆外，则 $\overline{OT}$ 大于 R，由式（8-11）知偏差函数大于 0；若刀具在圆上，则 $\overline{OT}$ 等于 R，偏差函数等于 0；若刀具在圆内，则 $\overline{OT}$ 小于 R，偏差函数小于 0。综上所述，偏差函数与刀具位置的关系为

$$\begin{cases} F > 0 & \text{刀具在圆外} \\ F = 0 & \text{刀具在圆上} \\ F < 0 & \text{刀具在圆内} \end{cases} \qquad (8\text{-}13)$$

2. 进给方向与偏差计算

圆弧可以分为顺时针走向圆弧与逆时针走向圆弧两种，以下简称顺圆与逆圆。两种圆弧的进给方向不同，偏差计算方法也不同。以下分别对这两种圆弧插补的进给方向和偏差计算进行讨论。

（1）顺圆插补　开始插补时刀具位于圆弧的起点 A（x_a，y_a），由式（8-12）知，这时偏差值为

$$F_0 = x_a^2 + y_a^2 - R^2$$

由于点 A 在圆弧上，因此上式所确定的偏差值为 0，即

$$F_0 = 0 \qquad (8\text{-}14)$$

设某时刻刀具运动到点 P_1 $(x_i，y_i)$，由式（8-12）知，这时偏差值为

$$F_i = x_i^2 + y_i^2 - R^2 \tag{8-15}$$

若点 P_1 在圆外或圆上，如图 8-8a 所示，根据关系式（8-13）知，这时由式（8-15）确定的偏差值大于或等于 0。为了使刀具朝终点 B 移动并向圆弧靠近，应让刀具沿 Y 轴负向走一步，到达点 P_2 $(x_{i+1}，y_{i+1})$。P_1 和 P_2 两点坐标的关系为

$$x_{i+1} = x_i，\qquad y_{i+1} = y_i - 1$$

刀具到达点 P_2 后的偏差值为：

$$F_{i+1} = x_{i+1}^2 + y_{i+1}^2 - R^2 = x_i^2 + (y_i - 1)^2 - R^2 = (x_i^2 + y_i^2 - R^2) - 2y_i + 1$$

由式（8-15），上式可化简为

$$F_{i+1} = F_i - 2y_i + 1 \tag{8-16}$$

若点 P_1 在圆内，如图 8-8b 所示，这时偏差函数小于 0。应该让刀具沿 X 轴正向走一步，到达点 P_2 $(x_{i+1}，y_{i+1})$。P_1、P_2 两点坐标的关系为

$$x_{i+1} = x_i + 1，\qquad y_{i+1} = y_i$$

刀具在点 P_2 时的偏差值为

$$\begin{aligned} F_{i+1} &= x_{i+1}^2 + y_{i+1}^2 - R^2 \\ &= (x_i + 1)^2 + y_i^2 - R^2 \\ &= (x_i^2 + y_i^2 - R^2) + 2x_i + 1 \end{aligned}$$

即
$$F_{i+1} = F_i + 2x_i + 1 \tag{8-17}$$

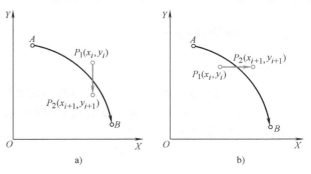

图 8-8　顺圆插补的进给方向

式（8-14）与式（8-16）或式（8-17）组成了顺圆插补偏差函数的递推计算公式。与偏差函数的直接计算式（8-12）相比，递推计算法只用到加、减法运算（乘 2 可用两次加法实现），避免了乘法和乘方，计算简便，计算机容易实现。

总结逐点比较法顺圆插补的计算过程，见表 8-3。

表 8-3　顺圆插补的计算过程

偏差情况	进给方向	偏差计算	坐标计算
$F_i \geq 0$	$-Y$	$F_{i+1} = F_i - 2y_i + 1$	$x_{i+1} = x_i，y_{i+1} = y_i - 1$
$F_i < 0$	$+X$	$F_{i+1} = F_i + 2x_i + 1$	$x_{i+1} = x_i + 1，y_{i+1} = y_i$

156

（2）逆圆插补　设某时刻刀具到达点 $P_1(x_i，y_i)$，这时的偏差值为

$$F_i = x_i^2 + y_i^2 - R^2 \tag{8-18}$$

若偏差值 F_i 大于或等于 0，由关系式（8-13）知，点 P_1 在圆外或圆上，如图 8-9a 所示。为了使刀具向终点 B 移动并靠近圆弧，应让刀具沿 X 轴负向走一步，到达点 $P_2(x_{i+1}，y_{i+1})$。P_1、P_2 两点坐标的关系为

$$x_{i+1} = x_i - 1，\qquad y_{i+1} = y_i$$

刀具在点 P_2 的偏差值为

$$F_{i+1} = x_{i+1}^2 + y_{i+1}^2 - R^2 = (x_i - 1)^2 + y_i^2 - R^2 = (x_i^2 + y_i^2 - R^2) - 2x_i + 1$$

把式（8-18）代入上式后得

$$F_{i+1} = F_i - 2x_i + 1 \qquad (8\text{-}19)$$

若由式（8-18）确定的偏差值小于0，说明点 P_1 在圆内，如图 8-9b 所示。这种情况下应让刀具沿 Y 轴正向走一步，到达点 $P_2(x_{i+1},\ y_{i+1})$。P_1、P_2 两点坐标的关系为

$$x_{i+1} = x_i, \qquad y_{i+1} = y_i + 1$$

刀具在点 P_2 处的偏差值为

$$\begin{aligned}
F_{i+1} &= x_{i+1}^2 + y_{i+1}^2 - R^2 \\
&= x_i^2 + (y_i + 1)^2 - R^2 \\
&= (x_i^2 + y_i^2 - R^2) + 2y_i + 1
\end{aligned}$$

即

$$F_{i+1} = F_i + 2y_i + 1 \qquad (8\text{-}20)$$

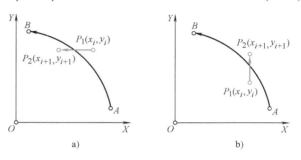

图 8-9 逆圆插补的进给方向

式（8-14）与式（8-19）或式（8-20）组成了逆圆插补偏差函数的递推计算公式。逐点比较法逆圆插补的计算过程，见表 8-4。

表 8-4 逆圆插补的计算方法

偏差情况	进给方向	偏差计算	坐标计算
$F_i \geqslant 0$	$-X$	$F_{i+1} = F_i - 2x_i + 1$	$x_{i+1} = x_i - 1,\ y_{i+1} = y_i$
$F_i < 0$	$+Y$	$F_{i+1} = F_i + 2y_i + 1$	$x_{i+1} = x_i,\ y_{i+1} = y_i + 1$

3. 终点判别

图 8-7 中的圆弧 $\overset{\frown}{AB}$ 是所要加工的圆弧，起点为 $A(x_a,\ y_a)$，终点为 $B(x_b,\ y_b)$。加工完这段圆弧，刀具在 X 轴方向应走的步数为 $|x_b - x_a|$，Y 轴方向应走的步数为 $|y_b - y_a|$，在 X、Y 两个坐标轴方向应走的总步数为

$$N = |x_b - x_a| + |y_b - y_a| \qquad (8\text{-}21)$$

该公式对于逆圆插补也适用。

加工完圆弧 $\overset{\frown}{AB}$ 时，插补循环数 i 应与 N 相等，即

$$i = N \qquad (8\text{-}22)$$

这就是判别圆弧是否加工完毕的依据。

4. 插补程序及举例

（1）顺圆插补　图 8-10 为逐点比较法顺圆插补程序流程图。图 8-10 中 i 是插补循环数，F_i 是第 i 个插补循环时偏差函数的值，$(x_i,\ y_i)$ 是刀具的坐标，N 是加工完圆弧时，刀具沿 X、Y 两坐标轴应走的总步数。开始插补时，插补循环数 i 为零，刀具位于

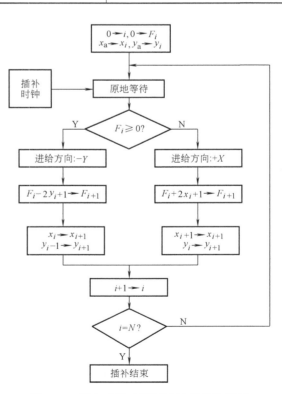

图 8-10 逐点比较法顺圆插补程序流程图

157

圆弧的起点 $A(x_a, y_a)$，即

$$x_0 = x_a, \quad y_0 = y_a$$

由于刀具位于圆弧上，因此偏差值 F_0 也为 0。N 由式（8-21）确定。

程序初始化后进入"原地等待"。插补时钟发出一个脉冲后，使得程序跳出等待状态，继续往下进行。

根据表 8-3 可知，若偏差值 $F_i \geq 0$，应让刀具沿 Y 轴负向走一步；若偏差值 $F_i < 0$，应让刀具沿 X 轴正向走一步。进给后，应计算出刀具在新位置上的偏差值 F_{i+1}，以及新位置的坐标 (x_{i+1}, y_{i+1})。

一个插补循环结束前，插补循环数 i 应增加 1。

最后进行终点判别。若插补循环数 i 与 N 相等，说明圆弧加工完毕，应结束插补过程；若 i 与 N 不等，表明圆弧还没有加工完毕，应继续插补工作。

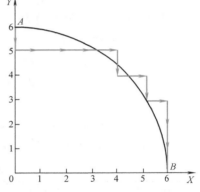

图 8-11　逐点比较法顺圆插补轨迹

例 8-2　现要插补如图8-11所示顺圆 $\overset{\frown}{AB}$。圆弧起点坐标为 $A(0, 6)$，终点坐标为 $B(6, 0)$。试对该段圆弧进行插补，并画出插补轨迹。

解　由式（8-21）可知，插补完这段圆弧需要的插补循环数为

$$N = |x_b - x_a| + |y_b - y_a| = |6 - 0| + |0 - 6| = 12$$

插补过程见表8-5。插补轨迹如图 8-11 所示。

表 8-5　逐点比较法顺圆插补过程

脉冲个数	偏差情况	进给方向	偏差计算	坐标计算	终点判别
0			$F_0 = 0$	$x_0 = x_a = 0$ $y_0 = y_a = 6$	$i = 0$
1	$F_0 = 0$	$-Y$	$F_1 = F_0 - 2y_0 + 1$ $= 0 - 2 \times 6 + 1 = -11$	$x_1 = x_0 = 0$ $y_1 = y_0 - 1 = 5$	$i = 0 + 1 = 1 < N$
2	$F_1 = -11 < 0$	$+X$	$F_2 = F_1 + 2x_1 + 1$ $= -11 + 2 \times 0 + 1 = -10$	$x_2 = x_1 + 1 = 1$ $y_2 = y_1 = 5$	$i = 1 + 1 = 2 < N$
3	$F_2 = -10 < 0$	$+X$	$F_3 = F_2 + 2x_2 + 1$ $= -10 + 2 \times 1 + 1 = -7$	$x_3 = x_2 + 1 = 2$ $y_3 = y_2 = 5$	$i = 2 + 1 = 3 < N$
4	$F_3 = -7 < 0$	$+X$	$F_4 = F_3 + 2x_3 + 1$ $= -7 + 2 \times 2 + 1 = -2$	$x_4 = x_3 + 1 = 3$ $y_4 = y_3 = 5$	$i = 3 + 1 = 4 < N$
5	$F_4 = -2 < 0$	$+X$	$F_5 = F_4 + 2x_4 + 1$ $= -2 + 2 \times 3 + 1 = 5$	$x_5 = x_4 + 1 = 4$ $y_5 = y_4 = 5$	$i = 4 + 1 = 5 < N$
6	$F_5 = 5 > 0$	$-Y$	$F_6 = F_5 - 2y_5 + 1$ $= 5 - 2 \times 5 + 1 = -4$	$x_6 = x_5 = 4$ $y_6 = y_5 - 1 = 4$	$i = 5 + 1 = 6 < N$

（续）

脉冲个数	偏差情况	进给方向	偏差计算	坐标计算	终点判别
7	$F_6 = -4 < 0$	$+X$	$F_7 = F_6 + 2x_6 + 1$ $= -4 + 2 \times 4 + 1 = 5$	$x_7 = x_6 + 1 = 5$ $y_7 = y_6 = 4$	$i = 6 + 1 = 7 < N$
8	$F_7 = 5 > 0$	$-Y$	$F_8 = F_7 - 2y_7 + 1$ $= 5 - 2 \times 4 + 1 = -2$	$x_8 = x_7 = 5$ $y_8 = y_7 - 1 = 3$	$i = 7 + 1 = 8 < N$
9	$F_8 = -2 < 0$	$+X$	$F_9 = F_8 + 2x_8 + 1$ $= -2 + 2 \times 5 + 1 = 9$	$x_9 = x_8 + 1 = 6$ $y_9 = y_8 = 3$	$i = 8 + 1 = 9 < N$
10	$F_9 = 9 > 0$	$-Y$	$F_{10} = F_9 - 2y_9 + 1$ $= 9 - 2 \times 3 + 1 = 4$	$x_{10} = x_9 = 6$ $y_{10} = y_9 - 1 = 2$	$i = 9 + 1 = 10 < N$
11	$F_{10} = 4 > 0$	$-Y$	$F_{11} = F_{10} - 2y_{10} + 1$ $= 4 - 2 \times 2 + 1 = 1$	$x_{11} = x_{10} = 6$ $y_{11} = y_{10} - 1 = 1$	$i = 10 + 1 = 11 < N$
12	$F_{11} = 1 > 0$	$-Y$	$F_{12} = F_{11} - 2y_{11} + 1$ $= 1 - 2 \times 1 + 1 = 0$	$x_{12} = x_{11} = 6$ $y_{12} = y_{11} - 1 = 0$	$i = 11 + 1 = 12 = N$

（2）逆圆插补　逆圆插补的程序流程如图 8-12 所示。图 8-12 中各符号的意义与图 8-10 相同。

例 8-3　现要加工逆圆 $\overset{\frown}{AB}$（图 8-13）。圆弧的起点为 A（10，0），终点为 B（6，8）。试

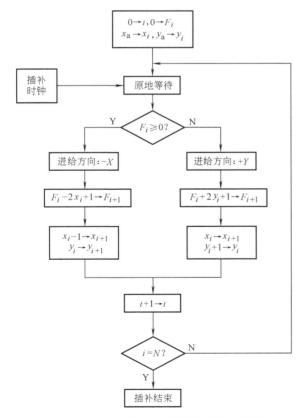

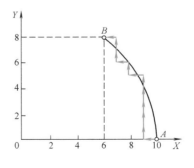

图 8-12　逐点比较法逆圆插补程序流程图　　　　图 8-13　逐点比较法逆圆插补轨迹

对该段圆弧进行插补，并画出插补轨迹。

解　由式（8-21）知，加工完该段圆弧，刀具沿 X、Y 轴应走的总步数为

$$N = |x_b - x_a| + |y_b - y_a|$$
$$= |6 - 10| + |8 - 0| = 12$$

插补过程的一部分见表 8-6。插补轨迹如图 8-13 所示。

表 8-6　逐点比较法逆圆插补过程

脉冲个数	偏差情况	进给方向	偏差计算	坐标计算	终点判别
0			$F_0 = 0$	$x_0 = x_a = 10$ $y_0 = y_a = 0$	$i = 0$
1	$F_0 = 0$	$-X$	$F_1 = F_0 - 2x_0 + 1$ $= 0 - 2 \times 10 + 1 = -19$	$x_1 = x_0 - 1 = 9$ $y_1 = y_0 = 0$	$i = 0 + 1 = 1 < N$
2	$F_1 = -19 < 0$	$+Y$	$F_2 = F_1 + 2y_1 + 1$ $= -19 + 2 \times 0 + 1 = -18$	$x_2 = x_1 = 9$ $y_2 = y_1 + 1 = 1$	$i = 1 + 1 = 2 < N$
3	$F_2 = -18 < 0$	$+Y$	$F_3 = F_2 + 2y_2 + 1$ $= -18 + 2 \times 1 + 1 = -15$	$x_3 = x_2 = 9$ $y_3 = y_2 + 1 = 2$	$i = 2 + 1 = 3 < N$
4	$F_3 = -15 < 0$	$+Y$	$F_4 = F_3 + 2y_3 + 1$ $= -15 + 2 \times 2 + 1 = -10$	$x_4 = x_3 = 9$ $y_4 = y_3 + 1 = 3$	$i = 3 + 1 = 4 < N$
5	$F_4 = -10 < 0$	$+Y$	$F_5 = F_4 + 2y_4 + 1$ $= -10 + 2 \times 3 + 1 = -3$	$x_5 = x_4 = 9$ $y_5 = y_4 + 1 = 4$	$i = 4 + 1 = 5 < N$

三、象限及坐标变换

前面所述为第一象限直线与圆弧的插补方法。为了实现各个象限的直线及圆弧插补，一般采用象限变换方法。对于如图 8-14 所示的不同象限的直线和不同象限不同走向的圆弧，在偏差计算时，均按第一象限的直线和第一象限逆时针圆弧进行计算，也就是运算时坐标值均取绝对值，这样偏差计算公式不变。但在进给方向上，按不同的象限和圆弧走向进行转换。

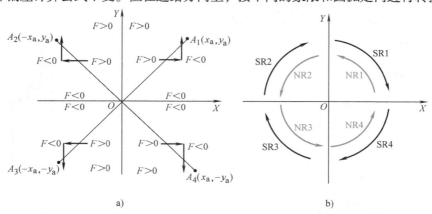

a)　　　　　　　　　b)

图 8-14　象限及坐标变换

a）四象限直线偏差和进给方向　b）四个象限圆弧

例如，图 8-14a 中，第二象限的直线 OA_2，其终点坐标为 $(-x_a，y_a)$，在第一象限有一条和它对称于 Y 轴的直线 OA_1，其终点坐标为 $(x_a，y_a)$。当从 O 点出发，按 OA_1 进行插补时，若把沿 X 轴正向进给改为沿 X 轴负向进给，这时实际插补出的就是第二象限的直线 OA_2，而其偏差计算公式与第一象限直线的偏差公式相同。同理，插补第三象限终点为 $(-x_a，-y_a)$ 的直线 OA_3，它与 OA_1 对称于原点，所以依然按第一象限直线 OA_1 插补，只须在进给时将 $+X$ 进给改为 $-X$ 进给，$+Y$ 进给改为 $-Y$ 进给即可。

四个象限直线插补的偏差计算和进给方向归纳于表 8-7 中，表中 $L_1 \sim L_4$ 分别表示第一至第四象限直线。

图 8-14b 中，用 SR1 ～ SR4 分别表示第一至第四象限的顺圆弧；用 NR1 ～ NR4 分别表示第一至第四象限的逆圆弧。如图 8-14b 所示，与 NR1 相对应的（即有对称关系的）其他三个象限的圆弧有 SR2、NR3、SR4。其中，SR2 与 NR1 是关于 Y 轴对称的，SR2 的起点坐标为 $(-x_0，y_0)$。这两条圆弧从各自起点插补出来的轨迹对于 Y 坐标轴对称，即 Y 方向的进给相同，X 方向进给相反。插补时完全按第一象限逆圆偏差计算公式进行计算，所不同的是将 X 轴的进给方向变为正向，则走出的就是第二象限顺圆 SR2。在这里，圆弧的起点坐标要取其数字的绝对值，而 $-x_0$ 的"$-$"号则用于确定象限，从而确定进给方向。

图 8-14b 中八种圆弧的偏差计算公式和进给方向归纳于表 8-7 中。

同样的方法也适用于坐标的变换。如果要插补 YZ 平面内的直线或圆弧，只需以 Y 代 X，Z 代 Y 即可。同理，如果插补在 XZ 平面内进行，只要把 Z 取代 Y 而 X 不变。这种方法使我们可以用两坐标插补，简单地实现三坐标机床的两坐标联动控制，从而加工出一些立体形状的零件。这种方法在数控机床中用得很普遍。

逐点比较法不仅运算直观、插补误差小于一个脉冲当量、输出脉冲均匀，而且输出脉冲速度变化小、调节方便，因此得到广泛应用。但其缺点是不能直接进行多坐标的分配计算以实现多坐标的联动。在控制轴多于三个时一般不用。

表 8-7　插补运算归纳（运算时坐标均取假定值）

插补类型	判　别	进　给	偏差计算	坐标计算
L_1		$+\Delta x$		
L_2		$-\Delta x$		
L_3	$F \geqslant 0$	$-\Delta x$	$F_{i+1} = F_i - y_a$	$x_{i+1} = x_i + 1$
L_4		$+\Delta x$		
L_1		$+\Delta y$		
L_2		$+\Delta y$		
L_3	$F < 0$	$-\Delta y$	$F_i = F_i + x_a$	$y_{i+1} = y_i + 1$
L_4		$-\Delta y$		
NR1		$-\Delta x$		
NR3		$+\Delta x$		
SR2	$F \geqslant 0$	$+\Delta x$	$F_{i+1} = F_i - 2x_i + 1$	$x_{i+1} = x_i - 1$
SR4		$-\Delta x$		
NR1		$+\Delta y$		
NR3		$-\Delta y$		
SR2	$F < 0$	$+\Delta y$	$F_i = F_i + 2y_i + 1$	$y_{i+1} = y_i + 1$
SR4		$-\Delta y$		

（续）

插补类型	判　别	进　给	偏差计算	坐标计算
SR1 SR3 NR2 NR4	$F \geqslant 0$	$-\Delta y$ $+\Delta y$ $-\Delta y$ $+\Delta y$	$F_i = F_i - 2y_i + 1$	$y_{i+1} = y_i - 1$
SR1 SR3 NR2 NR4	$F < 0$	$+\Delta x$ $-\Delta x$ $-\Delta x$ $+\Delta x$	$F_{i+1} = F_i + 2x_i + 1$	$x_{i+1} = x_i + 1$

四、逐点比较法算法的改进

通过以上的讨论可以看出，逐点比较法每插补一次，刀具相对工件走一步，走步方向为$+X$、$-X$、$+Y$、$-Y$这4个方向之一。因此可称之为4方向逐点比较法。4方向逐点比较法插补结果以垂直的折线逼近给定轨迹，插补误差小于或等于一个脉冲当量。

8方向逐点比较法，不仅以$+X$、$-X$、$+Y$、$-Y$作为走步方向，而且以45°折线逼近给定轨迹，即4个合成方向（$+X$ $+Y$）、（$-X+Y$）、（$-X-Y$）、（$+X-Y$）也作为进给方向，如图8-15所示。8方向逐点比较法的逼近误差小于半个脉冲当量，加工的工件质量要比4方向逐点比较法的高。

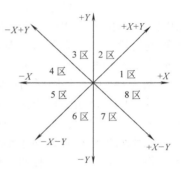

图 8-15　8个进给方向

如图8-15所示，8个进给方向将4个象限分为8个区域。各个区域中的直线的进给方向如图8-16所示。例如1区的直线进给方向为$+X$或（$+X+Y$），2区的直线进给方向为$+Y$或（$+X+Y$）。对于某一区域的直线来说，进给方向也只有两种可能，即两坐标同时进给或者单坐标进给。

如图8-17所示，用8方向逐点比较法，在8个区域中共有16种圆弧。各种圆弧的进给方向都在图上标出。

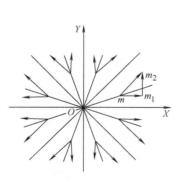

图 8-16　8方向直线插补

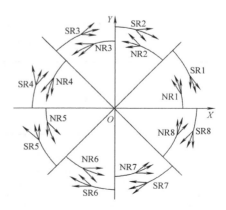

图 8-17　16种圆弧及进给方向

以4方向逐点比较法为基础，同样可导出8方向逐点比较法的算法。

第三节　数字积分插补法

数字积分法，又称为数字微分分析法（DDA），是利用数字积分运算的方法计算刀具沿各坐标轴的位移，使得刀具沿着所加工的曲线运动的插补方法。数字积分法具有运算速度快、脉冲分配均匀、易实现多坐标联动等优点。因此，数字积分法在轮廓控制数控系统中应用广泛。

一、数字积分原理

如图 8-18 所示，从时刻 $t = 0$ 到 t 求函数 $x = f(t)$ 曲线所包围的面积时，可用积分公式

$$S = \int_0^t f(t)\,\mathrm{d}t$$

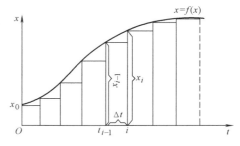

如果将 $0 \sim t$ 的时间划分为间隔为 Δt 的子区间，当 Δt 足够小时，可得近似公式

$$S = \int_0^t f(t)\,\mathrm{d}t \approx \sum_{i=1}^n x_{i-1}\Delta t$$

图 8-18　数字积分原理

式中，x_i 为 $t = t_i$ 时的 $f(t)$ 值。此式说明，求积分的过程可以用数的累加来近似。在几何上就是用一系列的微小矩形面积之和近似表示曲线 $f(t)$ 以下的面积 S，上式称为矩形公式。若 Δt 取基本单位时间"1"（相当于一个脉冲周期的时间），则上式简化为

$$S \approx \sum_{i=1}^n x_{i-1}$$

二、数字积分法直线插补

设在 XY 平面上有一直线 OA，如图 8-19 所示，直线起点在原点，终点 A 的坐标为 (x_e, y_e)。现要对直线 OA 进行插补。

设动点沿直线 OA 方向的速度为 v，v_x、v_y 分别表示其在 X 轴和 Y 轴方向的速度。由于位移是速度对时间的积分，根据矩形公式，在 X 轴、Y 轴方向上的微小位移增量 Δx、Δy 应为

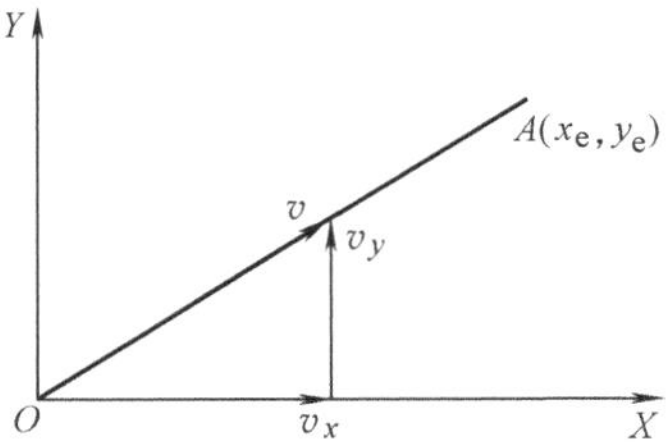

$$\Delta x = v_x \Delta t, \quad \Delta y = v_y \Delta t$$

令直线 OA 的长度为 L，则有

$$L = \sqrt{x_e^2 + y_e^2}, \quad \frac{v_x}{v} = \frac{x_e}{L}$$

图 8-19　数字积分直线
插补原理

v_x、v_y、v 和 L 应满足下列关系

$$\frac{v_y}{v} = \frac{y_e}{L}, \quad v_x = \frac{v}{L}x_e$$

所以

$$v_y = \frac{v}{L}y_e$$

若上式中速度是均匀的，则 $\dfrac{v}{L}$ 为常数，令

$$\frac{v}{L} = K$$

因此，坐标轴的位移增量可表示为

$$\Delta x = kx_e\Delta t, \quad \Delta y = ky_e\Delta t$$

若取 $\Delta t = 1$，则各坐标轴的位移量为

$$x = k\sum_{i=1}^{n} x_e, \quad y = k\sum_{i=1}^{n} y_e$$

据此，可以做出 XY 平面数字积分法直线插补框图，如图 8-20 所示。

图 8-20 中，插补运算由两个数字积分器进行，每个坐标轴的积分器由累加器和被积函数寄存器组成。被积函数寄存器存放终点坐标值，每来一个 Δt 脉冲，被积函数寄存器里的函数值送往相应的累加器中相加一次。当累加和超过累加器的容量时，便溢出脉冲，作为驱动相应坐标轴的进给脉冲 Δx（或 Δy），而余数仍存在积分累加器中。

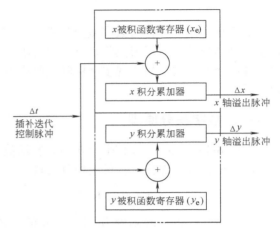

图 8-20　数字积分法直线插补框图

设积分累加器为 n 位，则累加器的容量为 2^n，其最大存数为 2^n-1，当计至 2^n 时，必须发生溢出。若将 2^n 规定为单位 1（相当于一个输出脉冲），那么积分累加器中的存数总是小于 2^n，即为小于 1 的数，该数称为积分余数。例如，将 x_e 累加 m 次后的 x 积分值应为

$$x = \sum_{i=1}^{m} \frac{x_e}{2^n} = \frac{mx_e}{2^n}$$

积分值的整数部分表示溢出的脉冲数，而余数部分存放在累加器中，即

积分值＝溢出脉冲数＋余数

当两个坐标轴同步插补时，用溢出脉冲控制机床的进给，就可走出所需的直线轨迹。

由积分值计算式可知，当插补叠加次数 $m = 2^n$ 时，有

$$x = x_e, \quad y = y_e$$

此时两个坐标轴同时到达终点。

由此可知，数字积分法直线插补的终点判别条件应是 $m = 2^n$。换言之，直线插补只需完成 $m = 2^n$ 次累加运算，即可到达直线终点。所以，只要设置一个位数亦为 n 位的终点计数器（即终点计数器与积分累加器的位数相同），用以记录累加次数即可。当计数器记满 2^n 时，插补结束，停止运算。

数字积分法第一象限直线插补程序流程图，如图 8-21 所示。

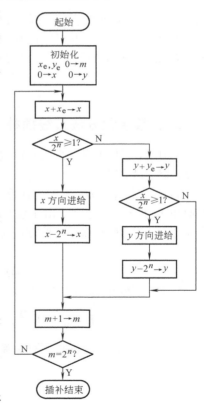

图 8-21　数字积分法第一象限
直线插补程序流程图

用与逐点比较法相同的处理方法，把符号与数据分开，取数据的绝对值作为被积函数，而以正、负符号作为进给方向控制信号处理，便可对所有不同象限的直线进行插补。

例8-4 用数字积分法对图8-22所示直线 OA 进行插补，并画出插补轨迹。

解 由于直线 OA 的起点为坐标原点，终点坐标为 A（10，5），则被积函数寄存器为四位二进制寄存器，累加器和终点计数器也为四位二进制计数器，迭代次数 $m = 2^4 = 16$ 次时，插补完成。其插补运算过程如表8-8所示。

程序开始运行时，被积函数寄存器 x 和 y 均为零，迭代次数（即累加次数）m 也为零。

插补迭代控制脉冲个数为 1 时，进行第一次迭代，首先计算积分 x 和 y，即

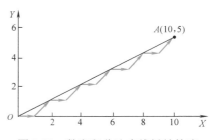

图 8-22 数字积分法直线插补轨迹

$$x = x + x_e = 0 + 10 = 10$$
$$y = y + y_e = 0 + 5 = 5$$

x 和 y 的值均小于 2^4，说明刀具沿 X、Y 轴的位移小于一个脉冲当量，刀具不进给。第一个插补循环结束前，累加次数 m 应增加到 1，由于 m 小于 16，说明直线还没有加工完毕，应继续进行插补。

当插补迭代控制脉冲个数为 2 时，X 轴和 Y 轴的积分分别为

$$x = x + x_e = 10 + 10 = 20$$
$$y = y + y_e = 5 + 5 = 10$$

X 轴的积分大于 2^4，Y 轴的积分小于 2^4，说明刀具沿 X 轴的位移大于一个脉冲当量，而沿 Y 轴的位移小于一个脉冲当量。因此，应让刀具沿 X 轴正向走一步，沿 Y 轴不进给。刀具进给后应对积分值加以修正，即从 X 轴的积分值中减去 2^4。第二个插补循环结束前，累加次数应增加到 2。由于 m 仍然小于 16，说明直线没有加工完毕，应继续插补。

插补工作一直如此进行，直到插补时钟发出第 16 个脉冲，由表8-8可知，此时积分值 $x = 16$、$y = 16$，X 轴和 Y 轴累加器均溢出一个脉冲，即刀具同时沿 X 轴和 Y 轴正向走一步。而累加次数也为 16，说明直线已加工完毕，插补运算结束。

表 8-8 数字积分法直线插补运算过程

脉冲个数	积 分 值		进给方向	积 分 修 正		终点判别
	$x = x + x_e$	$y = y + y_e$		$x = x - 2^4$	$y = y - 2^4$	
0	0	0				$M = 0 < 2^4$
1	0+10=10	0+5=5				$M = 1 < 2^4$
2	10+10=20	5+5=10	$+x$	20−16=4		$M = 2 < 2^4$
3	4+10=14	10+5=15				$M = 3 < 2^4$
4	14+10=24	15+5=20	$+x$，$+y$	24−16=8	20−16=4	$M = 4 < 2^4$
5	8+10=18	4+5=9	$+x$	18−16=2		$M = 5 < 2^4$
6	2+10=12	9+5=14				$M = 6 < 2^4$
7	12+10=22	14+5=19	$+x$，$+y$	22−16=6	19−16=3	$M = 7 < 2^4$
8	6+10=16	3+5=8	$+x$	16−16=0		$M = 8 < 2^4$
9	0+10=10	8+5=13				$M = 9 < 2^4$

（续）

脉冲个数	积 分 值		进给方向	积 分 修 正		终点判别
	$x=x+x_e$	$y=y+y_e$		$x=x-2^4$	$y=y-2^4$	
10	$10+10=20$	$13+5=18$	$+x$, $+y$	$20-16=4$	$18-16=2$	$M=10<2^4$
11	$4+10=14$	$2+5=7$				$M=11<2^4$
12	$14+10=24$	$7+5=12$	$+x$	$24-16=8$		$M=12<2^4$
13	$8+10=18$	$12+5=17$	$+x$, $+y$	$18-16=2$	$17-16=1$	$M=13<2^4$
14	$2+10=12$	$1+5=6$				$M=14<2^4$
15	$12+10=22$	$6+5=11$	$+x$	$22-16=6$		$M=15<2^4$
16	$6+10=16$	$11+5=16$	$+x$, $+y$	$16-16=0$	$16-16=0$	$M=16=2^4$

刀具的运动轨迹如图 8-22 中折线所示。由图 8-22 可见，刀具运动轨迹中有 45° 的斜线，这是由于在一个插补循环中，刀具沿 X、Y 轴同时走了一步。数字积分直线插补轨迹与理论曲线的最大误差不超过一个脉冲当量。

三、数字积分法圆弧插补

以第一象限逆圆为例进行讨论。如图 8-23 所示，设刀具沿圆弧 $\overset{\frown}{AB}$ 移动，圆弧起点为 $A(x_0, y_0)$，终点为 $B(x_e, y_e)$，半径为 R。刀具的切向速度为 v，$P(x, y)$ 为动点，由相似三角形的关系可得

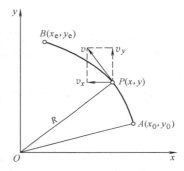

$$\frac{v}{R} = \frac{v_x}{y} = \frac{v_y}{x} = k$$

上式中，半径 R 为常数；若速度 v 为匀速，则 k 为常数。由上式可得

图 8-23 数字积分法圆弧插补原理

$$v_x = ky, \quad v_y = kx$$

设在 Δt 时间间隔内，x、y 坐标轴方向的位移量分别为 Δx 和 Δy，并考虑到在第一象限逆圆情况下，Δx 为负值、Δy 为正值，因此，位移增量的计算公式应为

$$\Delta x = -ky\Delta t, \quad \Delta y = kx\Delta t$$

若为第一象限顺圆弧时，上式变为

$$\Delta x = ky\Delta t, \quad \Delta y = -kx\Delta t$$

令上式中系数 $k=1/2^n$，其中 2^n 为 n 位积分累加器的容量，即可写出第一象限逆圆弧的插补公式为

$$x = -\frac{1}{2^n}\sum_{i=1}^{m} y_i\Delta t, \quad y = \frac{1}{2^n}\sum_{i=1}^{m} x_i\Delta t$$

据此，可以做出数字积分法圆弧插补原理框图，如图 8-24 所示。

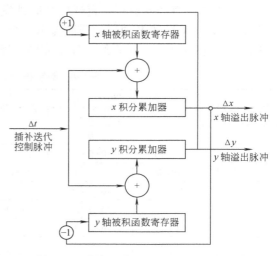

图 8-24 数字积分法圆弧插补原理框图

图 8-24 中，运算开始时，X 轴和 Y 轴被积函数寄存器中分别存放 y、x 的起点坐标值

y_0、x_0。X 轴被积函数寄存器的数与其累加器的数累加得出的溢出脉冲发到 $-X$ 方向，而 Y 轴被积函数寄存器的数与其累加器的数累加得出的溢出脉冲则发到 $+Y$ 方向。

每发出一个进给脉冲后，必须将被积函数寄存器内的坐标值加以修正。即当 X 方向发出进给脉冲时，使 Y 轴被积函数寄存器内容减 1；当 Y 方向发出进给脉冲时，使 X 轴被积函数寄存器内容加 1。

由以上讨论可知，圆弧插补时被积函数寄存器内随时存放着坐标的瞬时值，而直线插补时，被积函数寄存器内存放的是不变的终点坐标值 x_e、y_e。

其他象限的圆弧插补（包括顺圆和逆圆）运算过程基本上与第一象限逆圆是一致的。其区别在于控制各坐标轴进给脉冲 Δx、Δy 的进给方向不同（用符号 +、- 表示），以及修改被积函数寄存器内容时是加 1（用符号 $\oplus$ 表示），还是减 1（用符号 $\ominus$ 表示）。数字积分法圆弧插补进给方向和被积函数的修正关系见表 8-9。

表 8-9　数字积分法圆弧插补进给方向和被积函数的修正关系

名　称	线　型							
	SR1	SR2	SR3	SR4	NR1	NR2	NR3	NR4
x 轴进给方向符号	+	+	-	-	-	-	+	+
y 轴进给符号	-	+	+	-	+	-	-	+
x 轴被积函数在插补中的修正符号	$\ominus$	$\oplus$	$\ominus$	$\oplus$	$\oplus$	$\ominus$	$\oplus$	$\ominus$
y 轴被积函数在插补中的修正符号	$\oplus$	$\ominus$	$\oplus$	$\ominus$	$\ominus$	$\oplus$	$\ominus$	$\oplus$

圆弧插补的终点判别，由随时计算出的坐标轴进给步数 $\sum \Delta x$、$\sum \Delta y$ 值与圆弧的终点和起点坐标之差的绝对值作比较，当某个坐标轴进给的步数与终点和起点坐标之差的绝对值相等时，说明该轴到达终点，不再有脉冲输出。当两坐标都到达终点后，则运算结束，插补完成。

数字积分第一象限逆圆插补程序流程图，如图 8-25 所示。流程图中，(x_0, y_0) 为圆弧的起点坐标；(x_e, y_e) 为圆弧的终点坐标；$\sum \Delta x$ 和 $\sum \Delta y$ 分别为 X 方向和 Y 方向进给的步数；N 为 X 向和 Y 向进给的总步数；J_x，J_y 分别为 X 轴和 Y 轴被积函数寄存器；$J_x\sum$，$J_y\sum$ 分别为 X 轴和 Y 轴的积分累加器。

例 8-5　用数字积分法对图 8-26 所示圆弧 $\overset{\frown}{AB}$（点画线）进行插补，并画出插补轨迹。

解　由于圆弧 $\overset{\frown}{AB}$ 的起点为 A（5，0），终点为 B（0，5），则被积函数寄存器和累加器的容量应大于 5，这里采用三位二进制寄存器和累加器，其插补运算过程见表 8-10；插补轨迹如图 8-25 中实线所示。

167

表 8-10　数字积分法圆弧插补运算过程举例

脉冲个数	积分运算		进给方向	积分修正		坐标计算		终点差别	
	$J_x\sum + J_x - > J_x\sum$ ($x+y->x$)	$J_y\sum + J_y - > J_y\sum$ ($x+y->y$)		$J_x\sum - 8 - > J_x\sum$ ($x-8->x$)	$J_x\sum - 8 - > J_x\sum$ ($y-8->y$)	$J_y - 1 - > J_y$ ($x-1->x$)	$J_x + 1 - > J_x$ ($y+1->y$)	$\sum \Delta x$	$\sum \Delta y$
0	0	0				5			
1	0+0=0	0+5=5							

（续）

脉冲个数	积分运算		进给方向	积分修正		坐标计算		终点差别	
	$J_x\Sigma+J_x->J_x\Sigma$ （$x+y->x$）	$J_y\Sigma+J_y->J_y\Sigma$ （$x+y->y$）		$J_x\Sigma-8->J_x\Sigma$ （$x-8->x$）	$J_x\Sigma-8->J_x\Sigma$ （$y-8->y$）	$J_y-1->J_y$ （$x-1->x$）	$J_x+1->J_x$ （$y+1->y$）	$\Sigma\Delta x$	$\Sigma\Delta y$
2	0+0=0	5+5=10	+y		10-8=2		0+1=1		
3	0+1=1	2+5=7							
4	1+1=2	7+5=12	+y		12-8=4		1+1=2		2
5	2+2=4	4+5=9	+y		9-8=1	5	2+1=3		3
6	4+3=7	1+5=6							
7	7+3=10	6+5=11	-x, +y	10-8=2	11-8=3	5-1=4	3+1=4	1	4
8	2+4=6	3+4=7							
9	6+4=10	7+4=11	-x, +y	10-8=2	11-8=3	4-1=3	4+1=5	2	5
10	2+5=7								
11	7+5=12		-x	12-8=4		3-1=2	5	3	
12	4+5=9		-x	9-8=1		2-1=1	5	4	
13	1+5=6								
14	6+5=11		-x	11-8=3		1-1=0	5	5	

由此例可以看出，当插补第一象限逆圆时，y 坐标首先到达终点，即 $\Sigma\Delta y=|y_e-y_0|=|5-0=5|=5$，这时若不强制 y 方向停止迭代，将会出现超差，不能到达正确的终点。故此例第 9 个脉冲以后，y 方向将停止迭代。同理，当第 14 个脉冲后，即 $\Sigma\Delta x=|x_e-x_0|=|0-5|=5$ 时，x 坐标也到达终点，插补结束。

四、插补精度的提高

数字积分法直线插补的插补误差小于一个脉冲当量，但数字积分法圆弧插补误差有可能大于一个脉冲当量。原因是数字积分溢出脉冲的频率与被积函数寄存器的存数成正比，当在坐标轴附近进行插补时，一个积分器的被积函数值接近于零，而另一个积分器的被积函数值却接近最大值（圆弧半径）。这样，后者可能连续溢出，而前者几乎没有溢出脉冲。两个积分器的溢出脉冲速率相差很大，致使插补轨迹偏离理论曲线，如图 8-26 所示。

为了减少插补误差，提高插补精度，可以把积分器的位数增多，从而增加迭代次数。这相当于把图 8-16 所示矩形积分的小区间 Δt 取得更

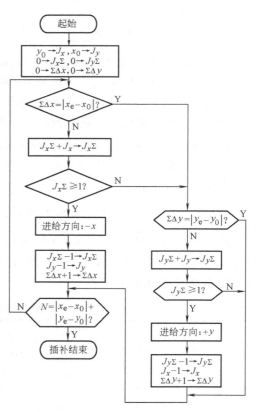

图 8-25　数字积分法第一象限
逆圆弧插补程序流程图

小。这么做可以减小插补误差，但是进给速度却降低了，所以不能无限制地增加寄存器位数。在实际的积分器中，常常应用的一种简便而行之有效的方法是在积分累加器的余数寄存器预置数（也称余数寄存器预置数）。即在插补之前，将余数寄存器预置某一数值（不是零），这一数值可以是最大容量（2^n-1），也可以是小于最大容量的某一个数，如 $2^n/2$，常用的是预置 0.5。下面以预置 0.5 为例来说明。

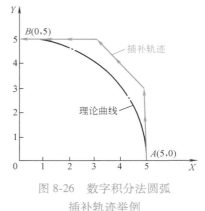

图 8-26　数字积分法圆弧
插补轨迹举例

预置 0.5 称为"半加载"，即在数字积分法插补前，余数寄存器的初值不是置 0，而是置 100…000（即 0.5），这样只要再叠加 0.5，余数寄存器就可以产生第一个溢出脉冲，使积分器提前溢出。这在被积函数较小，迟迟不能产生溢出的情况下，有很重要的实际意义，它改善了溢出脉冲的时间分布，减小了插补误差。

"半加载"可以使直线插补的误差减小到半个脉冲当量以内。若直线 OA 的起点为坐标原点，终点坐标为 $A(15, 1)$，没有"半加载"时，x 积分器除第一次迭代无溢出外，其余 15 次均有溢出；而 y 积分器只有在第 16 次迭代才有溢出脉冲。若进行"半加载"，则 x 积分器除

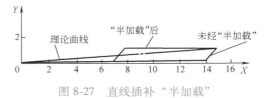

图 8-27　直线插补"半加载"

第 9 次迭代无溢出外，其余 15 次均有溢出；而 y 积分器的溢出提前到第 8 次迭代，这就改善了溢出脉冲的时间分布，提高了插补精度，如图 8-27 所示。

"半加载"能使圆弧插补的精度得到明显提高。若对图 8-28 中圆弧进行"半加载"，其插补轨迹如图 8-28 中实线所示。由图可见，"半加载"使 x 积分器的溢出脉冲提前了，从而提高了插补精度。

五、空间直线插补的原理

数字积分法的优点是可以对空间直线或多维线型函数进行插补，从而可以控制多坐标联动。因为曲面可以由空间曲线创成，空间曲线可以用空间直线来逼近，所以空间直线插补应用较多。多维线性函数的运动轨迹不一定是直线。例如，空间直线插补法可用于三维线性函数插补，若此函数中有一个变量是转角，走出来的运动轨迹也就不是直线了。

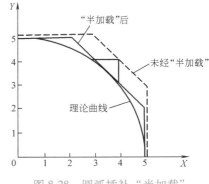

图 8-28　圆弧插补"半加载"

169

前面介绍了平面直线的插补方法。平面直线插补有两个积分器，X 轴被积函数为直线终点的 X 坐标值 x_e，Y 轴的被积函数为直线终点的 Y 坐标值 y_e。空间直线插补与平面直线的原理相同，只是需要增加一个 Z 轴的积分器。Z 轴积分器的被积函数为直线终点的 Z 坐标值 z_e。每进行一次插补，对三个积分器积分，即累加。哪个轴的累加器有溢出则该轴进给一步。

空间直线的终点判别可采用与平面直线相似的方法，可以每个轴各设一个终点判别计数

器，分别进行终点判别，哪一轴到终点哪轴即停止进给，三轴都到终点插补结束。因为各轴可能不同时到达终点，先到终点的轴可能多走出一个脉冲来，使终点坐标产生误差，在增量系统中此误差可能积累下来。各轴分设判别终点计数器可克服这个缺点。

第四节 数据采样插补法

随着数控技术的发展，以直流伺服，特别是交流伺服为驱动元件的计算机闭环数字控制系统已成为数控的主流。在这些系统中，插补原理一般都采用不同类型的数据采样方法。

一、概述

1. 数据采样插补法的基本原理

数据采样插补原理：根据用户程序的进给速度，将给定轮廓曲线分割为每一插补周期的进给段，即轮廓步长；每一个插补周期，执行一次插补运算，计算出下一个插补点（动点）坐标，从而计算出下一个周期各个坐标的进给量，如 Δx、Δy 等（而不是脉冲），然后再计算出相应插补点（动点）位置的坐标值。数据采样插补的核心问题是计算出插补周期的瞬时进给量。

对于直线插补，用插补所形成的步长子线段逼近给定直线，与给定直线重合。在圆弧插补时，用切线、弦线和割线逼近圆弧，常用的是弦线或割线。

2. 插补周期与采样周期

插补周期 T 虽已不直接影响进给速度，但对插补误差及更高速运行有影响，选择插补周期是一个重要问题。插补周期与插补运算时间有密切关系，一旦选定了插补算法，则完成该算法的时间也就确定了。一般来说，插补周期必须大于插补运算所占用的 CPU 时间。这是因为当系统进行轮廓控制时，CPU 除了要完成插补运算外，还必须实时地完成其他的一些工作，如显示、监控甚至精插补。所以插补周期 T 必须大于插补运算时间与完成其他实时任务所需时间之和。

插补周期与位置反馈采样周期有一定的关系，插补周期和采样周期可以相同，也可以不同。如果不同，则选插补周期是采样周期的整数倍。

3. 插补精度及其与插补周期、速度的关系

直线插补时，动点在一个插补周期内运动的直线段与给定直线重合，不会造成轨迹误差。而对于圆弧插补，动点在一个周期内运动的直线段以弦线（或切线、割线）来逼近圆弧，如图 8-29 所示。这种逼近必然会造成轨迹误差，对于弦线，会产生逼近误差 e_r。设 δ 为在一个插补周期内逼近弦所对应的圆心角、r 为圆弧半径，则

$$e_r = r\left(1-\cos\frac{\delta}{2}\right) \tag{8-23}$$

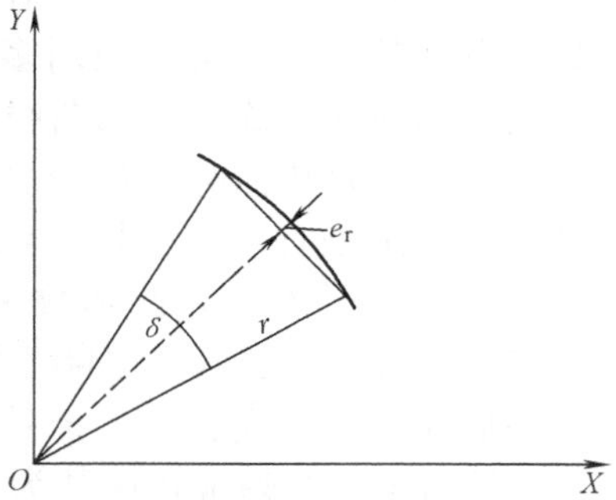

图 8-29 弦线逼近圆弧

将上式中的 $\cos(\delta/2)$ 用幂级数展开，得

$$e_r = r\left(1-\cos\frac{\delta}{2}\right) = r\left\{1-\left[1-\frac{(\delta/2)^2}{2!}+\frac{(\delta/2)^4}{4!}-\cdots\right]\right\} \approx \frac{\delta^2}{8}r \tag{8-24}$$

设 T 为插补周期，F 为刀具移动速度（进给速度），则进给步长为

$$l = TF$$

用进给步长 l 代替弦长，有

$$\delta = l/r = TF/r$$

将上式代入式（8-24），得

$$e_r = \frac{l^2}{8}, \quad \frac{1}{r} = \frac{(TF)^2}{8r} \tag{8-25}$$

从上式可以看出，逼近误差与速度、插补周期的平方成正比，与圆弧半径成反比。在一台数控机床上，允许的插补误差是一定的，它应小于数控机床的分辨率，即应小于一个脉冲当量。那么，较小的插补周期，可以在小半径圆弧插补时允许较大的进给速度。从另一角度讲，进给速度、圆弧半径一定的条件下，插补周期越短，逼近误差就越小。但插补周期的选择要受计算机运算速度的限制。首先，插补计算比较复杂，需要较长时间。此外，计算机除执行插补运算之外，还必须实时地完成其他工作，如显示、监控、位置采样及控制等。所以，插补周期应大于插补运算时间与完成其他实时任务所需时间之和。插补周期一般是固定的，如 System-7 系统的插补周期为 8ms。插补周期确定之后，一定的圆弧半径，应有与之对应的最大进给速度限定，以保证逼近误差 e_r 不超过允许值。数据采样插补的具体算法有多种，如时间分割插补法、扩展 DDA 法、双 DDA 法、角度逼近圆弧插补法、"改进吐斯丁"法等。本书主要介绍时间分割插补法及扩展 DDA 法。

二、时间分割插补法

时间分割插补法是典型的数据采样插补方法。它首先根据加工指令中的进给速度 F，计算出每一插补周期的轮廓步长 l。即用插补周期为时间单位，将整个加工过程分割成许多个单位时间内的进给过程。以插补周期为时间单位，则单位时间内移动的距离等于速度，即轮廓步长 l 与轮廓速度 f 相等。插补计算的主要任务是算出下一插补点的坐标，从而算出轮廓速度 f 在各个坐标轴的分速度，即下一插补周期内各个坐标的进给量 Δx、Δy。控制 x、y 坐标分别以 Δx、Δy 为速度协调进给，即可走出逼近线段，到达下一插补点。在进给过程中，对实际位置进行采样，与插补计算的坐标值比较，得出位置误差，位置误差在后一采样周期内修正。采样周期可以等于插补周期，也可以小于插补周期，如插补周期的 1/2。

设指令进给速度为 F，其单位为 mm/min，插补周期为 8ms，f 的单位为 μm/ms，l 的单位为 μm，则

$$l = f = \frac{F \times 1000 \times 8}{60 \times 1000} = \frac{2}{15}F \tag{8-26}$$

无论进行直线插补还是圆弧插补，都要必须先用上式计算出单位时间（插补周期）的进给量，然后才能进行插补点的计算。

1. 直线插补

设要加工 XOY 平面上的直线 OA，如图 8-30 所示。直线起点在坐标原点 O，终点为 $A(x_e, y_e)$。当刀具从 O 点移动到 A 点时 X 轴和 Y 轴移动的增量分别为 x_e 和 y_e。要使动点

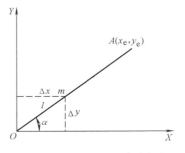

图 8-30　时间分割法直线插补

171

从 O 点到 A 点沿给定直线运动，必须使 X 轴和 Y 轴的运动速度始终保持一定的比例关系，这个比例关系由终点坐标 x_e 与 y_e 的比值决定。

设要加工的直线与 x 轴的夹角为 α，Om 为已计算出的轮廓步长 l，即单位时间间隔（插补周期）的进给量 f。于是，有

$$\Delta x = l\cos\alpha \tag{8-27}$$

$$\Delta y = \frac{y_e}{x_e}\Delta x = \Delta x\tan\alpha \tag{8-28}$$

而

$$\cos\alpha = \frac{x_e}{\sqrt{x_e^2 + y_e^2}} = \frac{1}{\sqrt{1 + \tan^2\alpha}} \tag{8-29}$$

式中　Δx——X 轴插补进给量；

　　　Δy——Y 轴插补进给量。

时间分割插补法插补计算结果，就是算出下一单位时间间隔（插补周期）内各个坐标轴的进给量。因此，时间分割插补法插补计算可按以下步骤进行：

1）根据加工指令中的速度值 F，计算轮廓步长 l；

2）根据终点坐标值 x_e、y_e，计算 $\tan\alpha$；

3）根据 $\tan\alpha$ 计算 $\cos\alpha$；

4）计算 x 轴进给量 Δx；

5）计算 y 轴进给量 Δy。

在进给速度不变的情况下，各个插补周期 Δx、Δy 不变，但在加减速过程中是要变化的。为了和加减速过程统一处理，即使在匀速段也进行插补计算。

2. 圆弧插补

由式（8-26）计算出轮廓步长，即单位时间（插补周期）内的进给量 l 后，即可进行圆弧插补运算。圆弧插补计算，就是以轮廓步长为圆弧上相邻两个插补点之间的弦长，由前一个插补点的坐标和圆弧半径，计算由前一插补点到后一插补点两个坐标轴的进给量 Δx、Δy。

如图 8-31 所示的顺圆弧，A 点为圆弧上的一个插补点，其坐标为（x_i，y_i），B 点为经 A 点之后一个插补周期应到达的另一插补点。B 点也应在圆弧上。A 点和 B 点之间的弦长等于轮廓步长 l。AP 是圆弧在 A 点的切线，M 是弦 AB 的中点，$OM \perp AB$，$ME \perp AF$，E 为 AF 的中点。圆心角具有如下关系

$$\phi_{i+1} = \phi_i + \delta$$

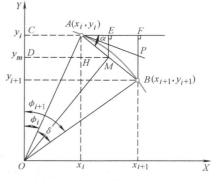

图 8-31　时间分割法圆弧插补

式中　δ——轮廓步长 l 所对应的圆心角增量，也称为步距角。

因为 $OA \perp AP$，所以 $\triangle AOC \backsim \triangle PAF$

则　　　　$\angle AOC = \angle PAF = \phi_i$

因为 AP 为切线，所以

$$\angle BAP = \frac{1}{2}\angle AOB = \frac{1}{2}\delta$$

$$\alpha = \angle PAF + \angle BAP = \phi_i + \frac{1}{2}\delta$$

在 $\triangle MOD$ 中

$$\tan\left(\phi_i + \frac{1}{2}\delta\right) = \frac{DH + HM}{OC - CD}$$

将 $DH = x_i$，$OC = y_i$，$HM = \frac{1}{2}l\cos\alpha = \frac{1}{2}\Delta x$，$CD = \frac{1}{2}l\sin\alpha = \frac{1}{2}\Delta y$ 代入上式，则有

$$\tan\alpha = \tan\left(\phi_i + \frac{1}{2}\delta\right) = \frac{x_i + \frac{1}{2}l\cos\alpha}{y_i - \frac{1}{2}l\sin\alpha} = \frac{x_i + \frac{1}{2}\Delta x}{y_i - \frac{1}{2}\Delta y} \tag{8-30}$$

式（8-30）中，$\cos\alpha$ 和 $\sin\alpha$ 均为未知，要计算 $\tan\alpha$ 仍很困难。为此，采用一种近似算法，即以 $\cos45°$ 和 $\sin45°$ 来代替 $\cos\alpha$ 和 $\sin\alpha$。这样，上式可改写为

$$\tan\alpha \approx \frac{x_i + \frac{1}{2}l\cos45°}{y_i - \frac{1}{2}l\sin45°} \tag{8-31}$$

因为 A 点的坐标值 x_i、y_i 为已知，要求 B 点的坐标可先求 X 轴的进给量

$$\cos\alpha = \frac{1}{\sqrt{1 + \tan^2\alpha}}$$

$$\Delta x = l\cos\alpha$$

因为 $A（x_i，y_i）$ 和 $B（x_i+\Delta x，y_i-\Delta y）$ 是圆弧上相邻的两点，必然满足下列关系式

$$x_i^2 + y_i^2 = (x_i + \Delta x)^2 + (y_i - \Delta y)^2$$

经展开整理后可得

$$\Delta y = \frac{\left(x_i + \frac{1}{2}\Delta x\right)\Delta x}{y_i - \frac{1}{2}\Delta y} \tag{8-32}$$

由式（8-32）可以计算出 Δy。上式实际上仍为一个 Δy 的二次方程，如要用解方程的方法求 Δy，则是较复杂的。这里可以直接用上式进行迭代计算。第一次迭代，等式右边的 Δy 由下式，即式（8-28）决定

$$\Delta y = \Delta x\tan\alpha$$

计算出式（8-28）左边的 Δy 后代入式（8-32）右边，再计算左边的 Δy，直到等式两边的 Δy 相等（误差小于一个脉冲当量）为止。

由此可得下一插补点 $B（x_{i+1}，y_{i+1}）$ 的坐标值为

$$x_{i+1} = x_i + \Delta x$$
$$y_{i+1} = y_i - \Delta y$$

在用式（8-31）进行近似计算 $\tan\alpha$ 时，势必造成 $\tan\alpha$ 的偏差，进而造成 Δx 的偏差。但是，这样的近似并不影响 B 点仍在圆弧上。这是因为 Δy 是通过式（8-32）计算出来的，满足式（8-32），B 点就必然在圆弧上。$\tan\alpha$ 的近似计算，只造成进给速度的微小偏差，实

际进给速度的变化小于指令进给速度的1%。这种变化在加工中是允许的，完全可以认为插补速度是均匀的。

在圆弧插补中，由于是以直线（弦）逼近圆弧，因此插补误差主要为半径的绝对误差。插补周期是固定的，该误差取决于进给速度和圆弧半径，见式（8-25）。为此，当加工的圆弧半径确定后，为了使径向误差不超过容许值，对进给速度要有一个限制。

由式（8-25）可得

$$l \leqslant \sqrt{8 e_r r}$$

式中 e_r——最大径向误差；

  r——圆弧半径。

当 $e_r \leqslant 1\mu m$，插补周期为 $T = 8ms$，则进给速度为

$$F \leqslant \sqrt{8 e_r r} / T = \sqrt{450000 r}$$

式中 F——指令进给速度（mm/min）。

三、扩展 DDA 数据采样插补法

扩展 DDA 算法是在数字积分原理的基础上发展起来的。它是将 DDA 切线逼近圆弧的方法改变为割线逼近，减小了逼近误差。

1. 直线插补

如图 8-32 所示，设要加工的直线为 OP，其起点为坐标原点 O，终点为 $P(x_e, y_e)$。设在时间 T 内，动点由起点到达终点，则有

$$v_x = \frac{1}{T} x_e$$

$$v_y = \frac{1}{T} y_e$$

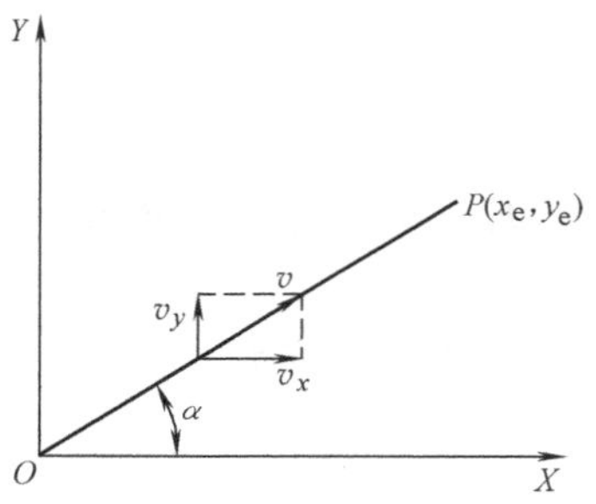

图 8-32 扩展 DDA 直线插补

式中 v_x——X 轴的分速度；

  v_y——Y 轴的分速度。

由数字积分原理得

$$x_m = \sum_{i=1}^{m} \frac{1}{T} x_e \Delta t_i$$

$$y_m = \sum_{i=1}^{m} \frac{1}{T} y_e \Delta t_i$$

将时间 T 用采样周期 Δt 分割成 n 个子区间（n 取大于等于 $T/\Delta t$ 最接近的整数），则可得到下式

$$\Delta x = v_x \Delta t = v \Delta t \cos\alpha$$

$$\Delta y = v_y \Delta t = v \Delta t \sin\alpha$$

$$x_m = \sum_{i=1}^{m} \Delta x_i$$

$$y_m = \sum_{i=1}^{m} \Delta y_i$$

式中　v——编程的进给速度（mm/min）。

由上式可导出直线插补的迭代公式

$$x_{i+1} = x_i + \Delta x$$
$$y_{i+1} = y_i + \Delta y$$

轮廓步长在坐标轴上的分量 Δx、Δy 的大小取决于编程速度 v，其表达式为

$$\Delta x = v\Delta t\cos\alpha = \frac{vx_e\Delta t}{\sqrt{x_e^2 + y_e^2}} = \lambda_i \mathrm{FRN} x_e$$

$$\Delta y = v\Delta t\cos\alpha = \frac{vy_e\Delta t}{\sqrt{x_e^2 + y_e^2}} = \lambda_i \mathrm{FRN} y_e$$

（8-33）

式中　Δt——采样周期；

　　　λ_i——经时间换算的采样周期；

　　FRN——进给速率数，进给速度的一种表示方法。

$$\mathrm{FRN} = \frac{v}{\sqrt{x_e^2 + y_e^2}} = \frac{v}{L}$$

式中　L——所要插补的直线长度。

对于具体的一条直线来说，FRN 和 λ_i 为已知常数，因此式中的 $\mathrm{FRN}\lambda_i$ 可以用常数 λ_d 表示，称为步长系数。故式（8-33）可写为

$$\Delta x = \lambda_d x_e$$
$$\Delta y = \lambda_d y_e$$

2. 圆弧插补

如图 8-33 所示，设要加工第一象限顺圆弧 AQ，其圆心在原点 O，半径为 R，设圆弧上某一插补点为 $A(x_m, y_m)$。在数字积分法一节里，曾导出下式

$$v_x = \frac{\mathrm{d}x}{\mathrm{d}t} = -y$$

$$v_y = \frac{\mathrm{d}y}{\mathrm{d}t} = x$$

从而有

$$v = \sqrt{v_x^2 + v_y^2} = \sqrt{(-y)^2 + x^2}$$

$$x_m = \sum_{i=1}^{m} -y_i\Delta t_i, \qquad y_m = \sum_{i=1}^{m} x_i\Delta t_i$$

设轮廓步长为 l，如直接用数字积分法计算，并且运动方向为顺时针，则有

$$\Delta x_{m+1} = l\frac{v_x}{v} = l\frac{y_m}{\sqrt{y_m^2 + x_m^2}}$$

$$\Delta y_{m+1} = l\frac{v_y}{v} = l\frac{-x_m}{\sqrt{y_m^2 + x_m^2}}$$

按上式计算，进给的方向为合成速率 v 的方向。从图 8-33 可以看出，在插补点 $A(x_m, y_m)$ 时 v 的方向是该点的切线方向，其斜率为该点半径斜率的负倒数，即

$$\frac{\Delta y}{\Delta x} = \frac{v_y}{v_x} = -\frac{x}{y}$$

以切线逼近圆弧势必造成较大的逼近误差。扩展 DDA 插补法将 DDA 的切线逼近改进为割线逼近，从而提高插补精度。如图 8-33 所示，用 DDA 的算法求出按切线方向的各坐标轴增量 Δx、Δy，取其 1/2 可得到点 B（x_n，y_n）的坐标

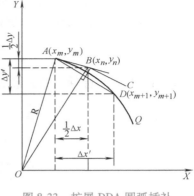

图 8-33　扩展 DDA 圆弧插补

$$x_n = x_m + \Delta x/2$$
$$y_n = y_m + \Delta y/2$$

再以直线 OB 的垂线 BC 方向作为合成速度方向计算实际进给的增量 $\Delta x'$ 和 $\Delta y'$，计算式如下

$$\Delta x' = l \frac{y_n}{\sqrt{y_n^2 + x_n^2}}$$

$$\Delta y' = l \frac{-x_n}{\sqrt{y_n^2 + x_n^2}}$$

$$x_{m+1} = x_m + \Delta x'$$

$$y_{m+1} = y_m + \Delta y'$$

从图 8-33 可以看到，从 A 点以 BC 的方向进给，走出割线 AD，D 点的坐标为（x_{m+1}，y_{m+1}）。

以上介绍了时间分割插补法和扩展 DDA 插补法，它们是较典型的数据采样插补法。数据采样插补的其他算法还有多种，限于篇幅，这里就不做详细介绍了。

思考题与习题

8-1　何谓插补？在数控机床中，刀具能否严格地沿着零件廓形运动？为什么？

8-2　常用的插补方法有哪些？

8-3　试述逐点比较法的插补过程。

8-4　偏差函数的作用是什么？

8-5　逐点比较法直线插补的偏差函数是怎样确定的？它与刀具位置有何关系？

8-6　逐点比较法直线插补时刀具进给方向如何确定？偏差值如何计算？

8-7　逐点比较法直线插补时，怎样判断直线是否加工完毕？

8-8　直线的起点坐标在原点 O（0，0），终点 A 的坐标分别为

　　（1）A（10，10）　　　　　　（2）A（5，10）

　　（3）A（12，5）　　　　　　　（4）A（9，4）

　　试用逐点比较法对这些直线进行插补，并画出插补轨迹。

8-9　第二象限的直线，起点在原点，终点 A 坐标为（-10，5），试用逐点比较法对直线 OA 进行插补，并画出插补轨迹。

8-10　顺圆的起点、终点坐标分别为 A（0，10）、B（8，6），试用逐点比较法对此顺圆弧进行插补，并画出刀具轨迹。

8-11　逆圆的起点、终点坐标分别为 A（7，0）、B（0，7），试用逐点比较法对其进行插补，并画出刀具轨迹。

8-12 数字积分法直线插补的被积函数是什么？如何判断直线插补的终点？

8-13 数字积分法圆弧插补的被积函数是什么？如何判断圆弧插补的终点？

8-14 用数字积分法对习题 8-8 中所述直线进行插补。

8-15 用数字积分法对习题 8-10 中所述顺圆弧进行插补。

8-16 用数字积分法对习题 8-11 中所述逆圆弧进行插补。

8-17 数据采样插补是如何选择插补周期的？

8-18 简述时间分割插补法和扩展 DDA 插补法的原理。

第九章

9

自由曲线及曲面的加工

第一节 概 述

曲线、曲面加工在模具、飞机、汽车和动力设备等的制造中具有重要的地位，它一直是数控技术和 CAD/CAM 软件的主要应用和研究对象。数控机床在加工各种曲线、曲面轮廓时，一般都不能直接进行编程，而必须经过数学处理以后，以直线或圆弧逼近的方法来实现。由此构成的零件加工程序非常庞大，且这一工作一般都比较复杂，有时靠手工处理已经不大可能。如将一曲线离散成众多逼近曲线的直线段时，需考虑允许的加工误差。可以想象，这是一项工作量很大的工作。又如加工一个曲面，不仅要计算走刀步长，而且要计算走刀行距，这时靠人工处理已无法实现，而必须借助计算机作辅助处理。目前国内外已有许多有关自由曲线、曲面的 CAD/CAM 实用软件进入商品市场，如 UG、PRo/E 等，因此对于自由曲线、曲面的加工一般可以通过直接利用这类软件解决此类问题，而无需再做那些繁琐、复杂的重复劳动。

然而需要指出的是，利用 UG 或 PRo/E 所形成的加工文件，从原理上讲，是将曲线或曲面离散成大量的直线段，而为保证运动部件的平稳和准确定位，伺服电动机在起动、停止时需要进行加、减速控制。机床在加工这些线段时，在线段起、始点存在升速问题，而在线段末端存在降速问题，如图 9-1 所示。这对于一般的数控加工而言，由于直线段或圆弧段数量较少，电动机升降

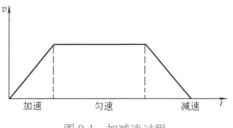

图 9-1　加减速过程

速段与匀速段相比只占较小的比例，不会引起问题。而对于曲线、曲面加工而言，由于曲线逼近误差的限制，一般直线段均很短，往往在升速段，未能升到设定的进给速度时，就要开始减速，因此在加工中造成以下两个问题。①加工效率降低。据统计在曲线加工过程中，仅有 10% 的直线段达到了设定的进给速度，而有 90% 的直线段不能达到预定的进给速度，无疑这将降低加工的效率。②加工质量降低。由于切削刀具始终处于升降速状态，其表面加工质量一定会受到影响，粗糙度增大。为了解决此问题，许多学者研究了曲线和曲面的在线插补技术，使数控加工的轨迹控制能力从简单的直线与圆弧提高到对工程曲线与曲面的直接处

理，从而有效克服曲线、曲面加工中存在的上述问题。目前在一些高档次的数控系统中已经具备了高速微小程序段切削的功能，有的数控系统可以预处理1000段以上的微小程序段。

为使读者对于曲线、曲面加工方法有一个大概的了解，下面将介绍与此有关的基本知识。

第二节　曲线、曲面加工的基础知识

一、基点和节点

一个零件的轮廓曲线一般是由许多不同的几何元素组成，如直线、圆弧、二次曲线等组成。我们把各个几何元素间的连接点称为基点，如两条直线的交点、直线与圆弧的切点或交点、圆弧与圆弧的切点或交点、圆弧与二次曲线的切点或交点等。

当利用具有直线插补和圆弧插补功能的数控机床加工零件的轮廓曲线时，将组成零件轮廓的曲线，按数控系统插补功能的要求，根据编程允差对曲线进行分割，用若干直线段或圆弧段来逼近给定的曲线。逼近线段的交点或切点称为节点。

由于一般数控系统只具有直线、圆弧插补功能，所以对于非圆曲线的加工必须将其曲线分割为若干直线段或圆弧段，求出节点坐标，才能实现曲线的加工。因此，节点坐标的计算是曲线加工的关键，下面讨论非圆曲线节点坐标的计算方法。

二、非圆曲线节点坐标的计算

数控加工中把除直线与圆弧之外可以用数学方程式表达的平面廓形曲线，称为非圆曲线。其数学表达式的形式可以是以 $y=f(x)$ 的直角坐标形式给出，也可以是以 $\rho=\rho(\theta)$ 的极坐标形式给出，还可以是以参数方程的形式给出。这类零件的数值计算过程，一般可按以下步骤进行：

1）选择插补形式，即首先决定是采用直线段逼近非圆曲线，还是采用圆弧段逼近非圆曲线。采用直线段逼近非圆曲线，一般数学处理较简单，但计算的坐标数据较多，且各直线段间连接处存在尖角，由于尖角处刀具不能对零件进行连续地切削，零件表面会出现硬点或切痕，使加工表面质量变差。采用圆弧段逼近的方式，可以大大减少程序段的数目，有利于加工质量的提高，但其数学处理过程比直线段逼近要复杂一些。

2）确定编程允许误差。考虑到工艺系统及计算误差的影响，编程允许误差一般取零件公差的1/10~1/5。

3）选择数学模型，确定计算方法。非圆曲线节点计算过程一般比较复杂。目前生产中采用的算法也较多。在决定采用什么算法时，主要应考虑的因素有两条，其一是尽可能按等误差的条件，确定节点坐标位置，以便最大程度地减少程序段的数目；其二是尽可能寻找一种简便的计算方法，以便于计算机程序的制作，及时得到节点坐标数据。

4）根据算法，画出计算机处理流程图。

5）用高级语言编写程序，并获得节点坐标数据。

处理用数学方程描述的平面非圆曲线轮廓图形，常采用相互连接的弦线逼近和圆弧逼近方法，下面将分别进行介绍。

1. 弦线逼近法

一般来说，由于弦线法的插补节点均在曲线轮廓上，容易计算，编程也简便一些，所以常用弦线法来逼近非圆曲线。

由于曲线上各点的曲率不同，如果要使各插补段长度均相等，则各段插补的误差大小不同。反之，如果使各段插补误差相同，则各插补段长度不等。下面是常用的两种处理方法。

（1）等插补段法　等插补段法就是使每个程序段的线段长度相等而逼近误差不等。由于零件轮廓曲线的曲率各处不等，其最大误差往往在曲线的最小曲率半径处，所以只要求出曲线上最小曲率半径处的插补段，即由最小曲率半径 R_{min} 及允许的插补误差 $\delta_允$，确定步长 1，然后从曲线起点开始，按等步长 1 依次截取曲线就可以了，如图 9-2 所示。

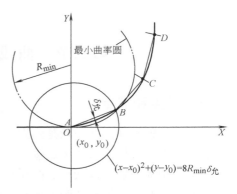

图 9-2　等插补段法节点的计算方法

其步骤如下：

1）求最小曲率半径 R_{min}。设曲线的方程为 $y=f(x)$，则曲率半径 R 为

$$R = \frac{[1+(y')^2]^{3/2}}{y''} \tag{9-1}$$

为求最小曲率半径 R_{min}，令

$$\frac{dR}{dx} = 0 \tag{9-2}$$

得

$$3(y'')^2 y' - [1+(y')^2]y''' = 0 \tag{9-3}$$

根据 $y=f(x)$ 依次求出 y'、y''、y'''，代入式（9-3）求得最小曲率半径处的 x 值，再将此值代入式（9-1）即得 R_{min}。

例 9-1　求抛物线 $x^2=16y$ 的最小曲率半径。

解　将 $y'=x/8$，$y''=1/8$，$y'''=0$ 代入式（9-3），求得 $x=0$；再根据式（9-1）求得 $R_{min}=8$。

2）确定允许的步长 1。由图 9-2 的几何关系可知

$$1 = \overline{AB} = 2\sqrt{R_{min}^2 - (R_{min}-\delta_允)^2} \approx 2\sqrt{2R_{min}\delta_允} \tag{9-4}$$

3）求插补节点坐标。以曲线起点 (x_0, y_0) 为圆心，$\overline{AB}$ 为半径作圆，所得圆方程与曲线方程 $y=f(x)$ 联立求出交点 (x_1, y_1)，即得该曲线上的第一个插补节点。再以 (x_1, y_1) 为圆心，以 $\overline{AB}$ 为半径作圆，求出第二个插补节点，以此连续求出其余各节点的坐标值，直到求出所有的节点。

由于等插补段法是根据曲线上的最小曲率半径 R_{min} 来确定步长 1，而曲率半径较大的地方没有必要用这么小的弦长来插补，因而这种方法将增加不少插补段，从而增加编程工作量，其优点是计算方法比较简单。

（2）等插补误差法　该方法是使各插补段的误差相等，而插补段长度不等，可大大减少

插补段数，这一点比等插补段法优越。它可以用最少的插补段数目完成对曲线的插补工作，故对大型复杂零件的曲线轮廓处理意义较大。

设曲线方程为 $y=f(x)$，允许插补误差为 $\delta_允$，则用等插补误差法求节点坐标的步骤如下（图9-3）：

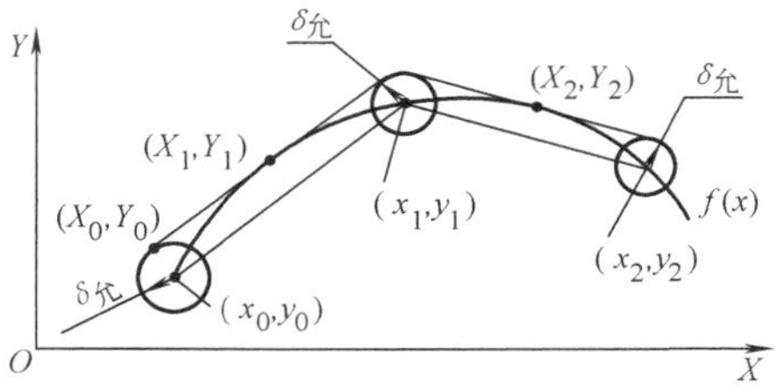

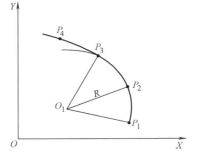

图9-3　等插补误差法节点的计算

1）以曲线起点（x_0，y_0）为圆心，$\delta_允$ 为半径作圆

$$(x - x_0)^2 + (y - y_0)^2 = (\delta_允)^2 \qquad (9\text{-}5)$$

2）求该圆与曲线 $y=f(x)$ 的公切线方程 $y=Kx+b$。

其公切线的斜率为
$$K = \tan\alpha = \frac{Y_1 - Y_0}{X_1 - X_0} \qquad (9\text{-}6)$$

式（9-6）中的 X_1、Y_1 与 X_0、Y_0 可通过解下列方程组求得

$$\begin{cases} f'(X_1) = \dfrac{Y_1 - Y_0}{X_1 - X_0} \\[2mm] f(X_1) = Y_1 \\[2mm] \dfrac{Y_1 - Y_0}{X_1 - X_0} = -\dfrac{X_0 - x_0}{Y_0 - y_0} \\[2mm] (X_0 - x_0)^2 + (Y_0 - y_0)^2 = (\delta_允)^2 \end{cases} \qquad (9\text{-}7)$$

当求出 X_1、Y_1 与 X_0、Y_0 后，就可以得到斜率 K。

3）求插补节点坐标。如图9-3所示，过点（x_0，y_0）与公切线平行的直线方程为

$$y = K(x - x_0) + y_0 \qquad (9\text{-}8)$$

该直线与曲线 $y=f(x)$ 的交点（x_1,y_1），即第一个插补节点可通过求解以下方程组得到

$$\begin{cases} y = f(x) \\ y = K(x - x_0) + y_0 \end{cases} \qquad (9\text{-}9)$$

获得了第一个插补节点，就可以（x_1，y_1）点重复上述步骤计算，便可得到第二个插补节点坐标，以此方法顺次求得各节点的坐标。

2. 圆弧逼近法

用圆弧逼近数学方程表达非圆曲线时，一般可采用上述"等插补段"法或"等插补误差"法求出各节点坐标，然后再用三点圆法来处理。三点圆法圆弧逼近的节点计算步骤如下：

首先从曲线起点开始，通过 P_1（x_1，y_1）、P_2（x_2，y_2）、P_3（x_3，y_3）三点作圆，如图9-4所示，圆方程的一般表达式为

$$x^2 + y^2 + Dx + Ey + F = 0 \qquad (9\text{-}10)$$

其圆心坐标为

$$x_0 = -\frac{D}{2}, \quad y_0 = -\frac{E}{2}$$

图9-4　三点圆法圆弧逼近

181

半径为

$$R = \frac{1}{2}\sqrt{D^2 + E^2 - 4F}$$

其中

$$D = \frac{y_1(x_3^2 + y_3^2) - y_3(x_1^2 + y_1^2)}{x_1 y_2 - x_3 y_2}$$

$$E = \frac{x_3(x_2^2 + y_2^2) - x_1(x_2^2 + y_2^2)}{x_1 y_2 - x_3 y_2}$$

$$F = \frac{y_3 x_2(x_1^2 + y_1^2) - y_1 x_2(x_3^2 + y_3^2)}{x_1 y_2 - x_3 y_2}$$

在实际应用中，往往希望以最少的圆弧段来逼近曲线，因此在使用三点作圆的方法时不一定非用邻近的三点，也可用相间隔的三点来作。例如，可先用 $P_1(x_1, y_1)$、$P_5(x_5, y_5)$、$P_9(x_9, y_9)$ 作一圆，再将其他中间各点的 x 坐标（或 y 坐标）代入该圆方程，计算出相应各点的 y 坐标（或 x 坐标），与原节点坐标值比较，若差值小于 $\delta_允$，则可认为逼近成功，否则要重新选点重复上述过程。此外，在圆弧逼近时，要尽量使相邻各圆弧段之间相切，无法做到时，可用小直线段将相邻两圆弧相切过渡。

三、列表曲线节点坐标的计算

在实际生产中，零件的轮廓形状除了可以用直线、圆弧或其他非圆曲线描述之外，还有一些零件的轮廓是通过实验或测量方法得到的。如在反求工程中，要求仿造一个曲线零件时，往往需要通过三坐标测量机测得其轮廓，然后根据这些测量点的信息来加工零件。这种由列表坐标点（或称为型值点）来确定轮廓形状的零件称为列表曲线（或曲面）零件，所确定的曲线（或曲面）称为列表曲线（或曲面）。列表曲线加工的特点是：在保证一定的加工精度的情况下，要求曲线能平滑地通过各坐标点。

与一般的直线、圆弧轮廓工件及用数学方程描述的曲线轮廓工件的数控加工相比较，列表曲线的加工要困难得多。其主要原因就是列表曲线在数学处理上比较复杂。对于用数学方程描述的曲线或曲面，编程所需进行的曲率、法矢、插值计算等数学处理工作，可以直接用该方程作为原始方程来进行，而对于列表曲线（或曲面）则无法计算曲线曲率等参量。

对于列表曲线的数学处理，通常是采用二次拟合法。首先选择一个或多个插值方程来描述它，称为第一次拟合。由于目前许多数控系统只能进行简单的直线、圆弧插补，不能加工任意曲线，必须采用直线、圆弧插补方法来逼近列表曲线或曲面，称为第二次拟合。在这一过程中，需根据编程允差的要求，在已给定的各相邻列表点之间，按照第一次拟合时的数学方程进行插点加密求得新的节点。然后可采用与非圆曲线数学处理相同的方法，用直线段或圆弧段逼近曲线。一般是采用三次参数样条函数对列表曲线进行第一次拟合，然后使用圆弧样条进行第二次逼近。在这种情况下，若用人工进行数学处理，再用手工编程几乎不大可能，一般需借助计算机进行数学处理。

计算机对列表曲线的数学处理方法较多，已有不少的图书介绍过，以下只介绍数控编程中常用的一些方法的基本知识。

1. 插值

在许多场合下，工件的轮廓形状很难用一个数学表达式把它们描述出来，通常只能用一些离散点，即 x、y 坐标点描述工件的轮廓形状。通常把这种利用数据表格形式给出的函数称为列表函数。依据这些点对工件进行加工时，往往会因为离散点相距较远或点数太少而不能满足实际加工的需要。这时就必须在所给的离散点间再插入一些所需要的中间值，这就是"插值"所要完成的工作。

插值的算法较多，常见的有拉格朗日插值法、牛顿插值法、三次样条曲线拟合等。其中拉格朗日和牛顿插值多项式通过适当提高多项式的次数，可以保证曲线光滑，但将出现计算量繁重、计算误差积累大、计算稳定性差等缺点。因此在实际计算时，常常将插值区间分为若干小段，在每一小段上使用低次插值，这就是所谓分段插值的方法。采用分段低次插值可以避免这些缺点，但在各段连接点处只能保证曲线连续，而不能保证光滑性要求（即不能保证切线的连续变化），这就往往不能满足工程技术的高精度要求。而下面介绍的三次样条插值就能解决上述问题，三次样条函数通过给定的型值点来进行插值计算，它是目前数控加工中解决列表曲线的拟合与插值问题时最常用的一种方法。

在设计实践中，绘图员常用到一根被称为"样条"的富有弹性的均匀细木条或有机玻璃条，并用压铁把它压在各给定的型值点处，迫使它通过各型值点，然后沿此样条画出所需的光滑曲线。所画出的曲线称为样条曲线，如图9-5所示。

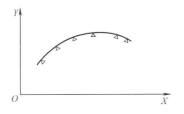

图 9-5　三次样条拟合原理

（1）三次样条函数的定义　设在 XOY 平面上给定 $n+1$ 个有序型值点如下

$$P_0(x_0,\ y_0),\ P_1(x_1,\ y_1),\ \cdots,\ P_n(x_n,\ y_n) \qquad (9\text{-}11)$$

其中，$x_0<x_1<\cdots<x_n$。要求构造一个函数 $S(x)$，使其满足条件：

1）$S(x_i)=y_i(i=0,\ 1,\ \cdots,\ n)$；

2）在区间 $[x_0,\ x_n]$ 上，$S(x)$ 具有二阶连续导数；

3）在每个小区间 $[x_{i-1},\ x_i]$ 上，$S(x)$ 是 x 的三次多项式。

这样的函数 $S(x)$ 称为关于型值点 [式（9-11）] 的三次样条函数或三次样条多项式。简单地说，三次样条函数就是全部通过型值点、二阶连续可微的分段三次多项式函数。

（2）三次样条函数的建立　显然，要求分段三次多项式函数在 $[x_0,\ x_n]$ 上二阶连续可微，只要在各分点 $x_i(i=1,\ 2,\ \cdots,\ n-1)$ 处 $S(x)$、$S'(x)$、$S''(x)$ 连续即可（$x_0,\ x_1,\ \cdots,\ x_n$ 称为节点），根据这样的要求即可导出三次样条的表达式为

$$S_i(x)=M_{i-1}\frac{(x_i-x)^3}{6h_i}+M_i\frac{(x-x_{i-1})^3}{6h_i}+\left(y_{i-1}-\frac{M_{i-1}}{6}h_i{}^2\right)\frac{x_i-x}{h_i}+$$

$$\left(y_i-\frac{M_i}{6}h_i{}^2\right)\frac{x-x_{i-1}}{h_i}\quad(i=1,\ 2,\ \cdots,\ n) \qquad (9\text{-}12)$$

式中，$h_i=x_i-x_{i-1}$；M_i 为 $S(x)$ 在 x_i 处的二阶导数，只要求出 $M_i(i=0,\ 1,\ 2,\ \cdots,\ n)$，三次样条函数 $S(x)$ 在每个小区间 $[x_{i-1},\ x_i]$ 上的表达式 $S_i(x)$ 即可由式（9-12）给出。

为了求解 M_i，可利用一阶导数及二阶导数在型值点处连续的条件，导出以下关系式

$$\mu_iM_{i-1}+2M_i+\lambda_iM_{i+1}=d_i\quad(i=1,\ 2,\ 3,\ \cdots,\ n-1) \qquad (9\text{-}13)$$

式中

$$\mu_i = \frac{h_i}{h_i + h_{i+1}}$$

$$\lambda_i = 1 - \mu_i$$

$$d_i = \frac{6}{h_i + h_{i+1}}\left(\frac{y_{i+1} - y_i}{h_{i+1}} - \frac{y_i - y_{i-1}}{h_i}\right)$$

上述关系式是关于 $n+1$ 个未知数 M_0，M_1，$\cdots$，M_n 的 $n-1$ 个方程，要唯一确定这 $n+1$ 个未知数，还必须补充两个条件。这样的条件通常是在端点 x_0 及 x_n 处给出的，称为端点条件（或边界条件）。端点条件形式很多，常见的有以下两种：

1）自由端。端点处的二阶导数为零，即 $M_0 = y_0'' = 0$，$M_n = y_n'' = 0$。其几何意义是在首端点（x_0，y_0）的左边和在末端点（x_n，y_n）的右边，样条曲线分别与一直线相切，即曲线在两端点处的自然延伸为一直线，这样的样条称为自然样条。

2）夹持端。即给定两端点的切线矢量，也就是两端点 x_0 和 x_n 的一阶导数 $S'(x_0) = y_0'$，$S'(x_n) = y_n'$，这时相当于给定了两个方程如下

$$\begin{cases} 2M_0 + M_1 = \frac{6}{h_1}\left(\frac{y_1 - y_0}{h_1} - y_0'\right) & (9\text{-}14) \\[3mm] M_{n-1} + 2M_n = \frac{6}{h_n}\left(y_n' - \frac{y_n - y_{n-1}}{h_n}\right) & (9\text{-}15) \end{cases}$$

由于零件图中一般没有给出 y_0' 和 y_n'，其值需根据具体情况进行确定，如可以通过前三点 P_0、P_1、P_2 及后三点 P_{n-2}、P_{n-1}、P_n 分别作图，用过 P_0 及 P_n 点的切线斜率作为 y_0'、y_n' 的近似值。

三次样条函数的一阶和二阶导数连续，整体光滑，应用较广。有了样条函数，再根据插值方程进行插点加密求得新的节点（常称为第二次拟合），然后根据这些足够的节点编制逼近线段（一般用直线段）的程序。

2. 拟合

拟合亦即逼近，实际上上述插值方法也是拟合与逼近的一种形式。实际工程中，因实验数据常带有测量误差，上述插值方法均要求所得曲线通过所有的型值点，反而会使曲线保留着一切测量误差，特别是当个别数据误差较大时，会使插值效果显得很不理想。在某些设计场合，如果过于强调对已知型值点的插值，却忽视这些初始型值点的修正有时并不精确的事实，这就不太符合通常的外形设计思想。因为在通常的外形设计中，除了少数几个必须满足的性能指标外，美观性的考虑占有不少的分量，自由度是相当大的，因此用样条曲线精密地插值这些本来就是粗糙的原始型值点，似无必要。因此，在解决实际问题时，可以考虑放弃拟合曲线通过所有型值点的这一要求，而采用别的方法来构造近似曲线，只要求它尽可能反映出所给数据的走势即可。如常用拟合方法之一的最小二乘法，就是寻求将拟合误差的平方和达到最小值（最优近似解）来对曲线进行近似拟合的。上面提到的插值、拟合过程等，在数控加工的编程工作中，一般均被称为第一次拟合（或称为第一次数学描述），由于受数控机床控制功能的限制，第一次拟合所取得的结果一般都不能直接用于编程，而必须取得逼近列表曲线的直线或圆弧数据，这一拟合过程在编程中被称为第二次拟合（或称为第二次

数学描述）。目前常用圆弧样条拟合列表曲线，这种方法把第一次拟合与第二次拟合过程统一起来，简便、实用，现介绍如下。

圆弧样条是一种简单的曲线拟合方法，它是用若干圆弧相切的线段组成的曲线来代替三次样条曲线的方法。如图 9-6 所示，P_1，P_2，…，P_n 为给定的列表点，过每一点作一段圆弧，并使相邻圆弧在相邻节点的弦的垂直平分线上相切。取其一中的部分如图 9-6b，过 P_j 和 P_{j+1} 两个相邻的列表点分别作圆（为区别起见，用实线和虚线表示），并在 P_jP_{j+1} 的垂直平分线上的 T 点相交并相切。编程时，就按这两个圆的参数（圆心、曲率半径、节点 T）编制两个圆弧程序。整个曲线的圆弧程序段数与列表点数相等。

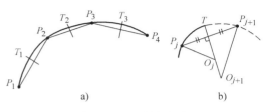

图 9-6　圆弧样条拟合

圆弧样条曲线在总体上是一阶导数连续、分段为等曲率的圆弧，由于数控系统具有圆弧插补功能，因此可直接按该分段的圆弧编程。它将上述三次样条拟合方法的两次拟合合为一次，所以计算简单，程序段数少，也没有尖角过渡的处理问题，而拟合精度也可满足一般的数控加工要求，在我国广为应用。但该法只限于描述平面曲线，不适于空间描述。

思考题与习题

9-1　什么是基点和节点？

9-2　非圆曲线加工时，为什么要计算节点坐标？

9-3　试述等插补段法与等误差法的优缺点。

9-4　试述列表曲线的节点计算方法。

9-5　计算机对列表曲线的数学处理要进行插值和拟合，其各自的作用是什么？

附　　录

附录 A　数控技术与制造自动化系统（MAS）

一、概述

制造业是将可用资源与能源，通过制造过程转化为可供人们使用或利用的工业制品的行业。制造过程可定义为将制造资源（原材料、劳动力、能源等）转变为有形财富或产品的过程。制造过程是在制造系统中实现的。机械加工系统是一种典型的制造系统，它由机床、夹具、刀具、操作人员和加工工艺等组成。一个制造产品的机床、生产线、车间和整个工厂可看作是不同层次的制造系统，数控机床、加工中心、柔性制造系统、计算机集成制造系统均是典型的制造系统。制造系统在运行过程中，无时无刻不伴随着"三流"的运动，即总是伴随着物料流、信息流和能量流的运动。机械加工系统的物料指原材料、半成品及相应的刀具、量具、夹具、润滑油、切削液和其他辅助物料等，整个机械加工系统中的运动被称为物料流。在机械加工系统中，必须集成各方面的信息，以保证机械加工过程的正常运行。这些信息主要包括加工任务、加工工序、加工方法、刀具状态、工件要求、质量指标、切削参数等。这些信息在机械加工系统中的作用过程称为信息流。能量是一切物质运动的基础，机械加工过程中的各种运动过程，特别是物料的运动，均需要能量来维持。来自机械加工系统外部的能量（一般是电能），多数转变为机械能，一部分机械能用以维持系统中的各种运动，另一部分通过传递而达到机械加工的切削区域，这种在机械加工过程中的能量运动称为能量流。

制造自动化技术的发展大致经历了以下五个阶段。

（1）刚性自动化　包括刚性自动线和自动单机。应用传统的机械设计与制造工艺方法，采用专用机床和组合机床、自动单机或自动化生产线进行大批量生产。其特征是高生产率和刚性结构，很难实现生产产品的改变。

（2）数控加工　包括数控（NC）技术和计算机数控（CNC）技术。数控（NC）技术在 20 世纪 50~70 年代发展迅速并已成熟，但到了 20 世纪 70~80 年代，由于计算机技术的迅速发展，它迅速被计算机数控（CNC）技术取代。数控加工设备包括数控机床、加工中心等。数控加工的特点是柔性好、加工质量高，适应于多品种、中小批量（包括单件产品）

的生产。引入的新技术包括数控技术、计算机编程技术等。

（3）柔性制造　包括计算机直接数控（DNC）、柔性制造单元（FMC）、柔性制造系统（FMS）等。其特征是强调制造过程的柔性和高效率，适应于多品种、中小批量的生产。涉及的主要技术包括成组技术（GT）、DNC、FMC、FMS、离散系统理论、方法与仿真技术、车间计划与控制、制造过程监控技术、计算机控制与通信网络等。

（4）计算机集成制造系统（CIMS）　CIMS既可看作是制造自动化发展的一个新阶段，又可看作是包含制造自动化系统的一个更高层次的系统。CIMS在80年代以来得到迅速发展。其特征是强调制造全过程的系统性和集成性，以解决现代企业生存与竞争的TQCS问题，即产品上市快（Time）、质量好（Quality）、成本低（Cost）和服务好（Service）。

（5）智能制造系统（IMS）　智能制造将是未来制造自动化发展的重要方向之一。智能制造系统是一种由智能机器和人类专家共同组成的人机一体化智能系统，它在制造过程中能进行智能活动，诸如分析、推理、判断、构思和决策等。智能制造技术的宗旨在于通过人与智能机器的合作共事，去扩大、延伸和部分地取代人类专家在制造过程中的脑力劳动。

机械制造业的技术发展进程，是一个不断提高和完善自动化水平的过程。数控技术与机械制造业的关系越密切，机械制造业自动化的进程就越深化。要实现机械制造业的自动化，数控技术是重要的基础技术之一。这不仅是因为数控机床及相关数控设备是工厂自动化的基本设备，而且其他自动化设备也渗透着数控技术。例如，在CAD/CAM软件中，对工件参数和刀具参数的处理，对零件程序的自动描述，是以数控为基础的。在管理和决策中，制造数据库和工艺参数，也是以数控为基础的。在工业机器人的技术中，90%以上的内容离不开数控技术。人们在规划和发展机械制造业的自动化时，都要衡量一下本身的数控技术基础。美国是最早研究CIMS的国家，其CIMS技术发展分为三个阶段：第一阶段就是从NC机床入手，研究生产企业中如何将制造技术与计算机技术和自动化技术进行综合；第二阶段是研究和开发CAD/CAM，制造资源计划（Manufacturing Resources Planning）和FMS；第三阶段是开发CIMS。由此看出，数控技术不仅是当前自动化的基础，而且也与未来制造业的发展密切相关。

对于某一特定的制造过程而言，选择哪一种加工制造系统，取决于所选择的生产对象、生产手段和生产方法，而这些又与产品的质量、数量、价格及交货期有关。一般而言，对于少品种、大批量生产，适宜采用刚性生产线的制造系统；而对于中品种、中批量生产，适宜采用柔性生产线；而对于多品种、小批量生产，则适宜采用通用NC机床进行加工。

二、制造自动化系统

在制造自动化技术发展总的历程中，技术的特征总是由简单到复杂，如上所述，制造自动化技术的发展大致经历了从刚性自动化、数控加工技术、计算机直接数控（DNC）、柔性制造单元（FMC）、柔性制造系统（FMS）到计算机集成制造系统（CIMS）与智能制造系统的过程。自动化技术发展的基础是数控技术，通过前面章节的学习我们已对数控技术有了较全面的了解，本节主要对计算机直接数控（DNC）、柔性制造单元（FMC）、柔性制造系统（FMS）和计算机集成制造系统（CIMS）做一个介绍，以使大家对数控技术在现代制造系统中的应用情况有所了解。

（一）计算机直接数控（DNC）

1. 计算机直接数控系统概述

计算机直接数控（Direct Numerical Control 或 Distributed Numerical Control，DNC）是用一台或多台计算机对多台数控机床实施综合数字控制的系统。DNC 属于自动化制造系统的一种模式。与单机数控相比，DNC 增加了多台数控机床间的协调控制功能，改善了管理，提高了数控机床的利用率。在 DNC 系统中，可实现所有数控程序的统一管理，主控计算机可随时采集各台数控机床的状态信息，并可根据这些信息做出相应的控制动作，如启动某一加工程序、停机等。此外在 DNC 系统中，容易实现系统的生产管理，DNC 运行管理的核心是生产计划与调度理论和技术，可在每日（或每班次）开始加工之前做出生产调度计划，保证 DNC 能以最优或次优的方式完成当天（或本班次）的任务，也可在加工过程中根据系统当前的实时状态，对生产活动进行动态优化控制。DNC 的这些特点，对于那些资金和技术力量尚不足的许多中、小企业来说，是很有吸引力的。随着计算机技术的发展和数控机床的普遍使用，国内许多企业在所用数控技术比较成熟的情况下，纷纷提出改造生产线建立 DNC 系统的要求。

在 DNC 系统中，如何将计算机与数控机床连接起来实现可靠的 DNC，是一个非常重要的问题。制造业从单机自动化发展到 DNC，在技术上首先要解决数控机床与计算机之间的信息交换和互联问题，这也是实现 DNC 的核心问题。如何将计算机与数控机床相连并实现 DNC 控制，已是实现 CAD/CAM 一体化技术之间最关键的问题，也是向更高一级 FMS 或 CIMS 发展需要解决的一个关键性问题。DNC 是机械加工车间自动化的另一种方式，相对 FMS 来说，它是投资小、见效快、可大量介入人机交互，并具有较好柔性的多数控加工设备的集成控制系统。

2. DNC 系统的结构与组成

DNC 的结构形式有多种，用户需根据其工厂所需的自动化程度、加工零件的工艺要求、系统应达到的目标等情况，确定 DNC 的结构形式。一般来说，DNC 系统最重要的组成部分有：①中央计算机；②外设；③通信接口；④机床控制器；⑤机床。DNC 系统的根本任务是在多台机床间分配信息，使机床控制器能完成各自的操作。DNC 系统的一般结构如图 A-1 所示。中央计算机执行与数控有关的三项任务：首先，它从大容量的存储器中取回零件程序并把这个信息传递给机床；然后在这两个方向上控制信息的流动，以便使数控指令的请求立即

图 A-1　DNC 系统的一般结构

得到执行；最后由计算机监视并处理机床的反馈。DNC 的一般结构具有比较明显的"群控"概念，是机械加工向更大范围自动化发展的基础。

DNC 系统的组成包括硬件部分和软件部分，其中 DNC 系统的软件部分涉及通信、生产管理、零件加工程序自动编制等多方面。制造系统的生产管理就是指对制造过程的管理，其目标是通过对制造过程中物料流的合理计划、调度与控制，缩短产品的制造周期，减少工件在制造系统中的"空闲时间"，提高数控机床的利用率，保证制造系统按产品品种、质量、数量、生产成本和交货期要求，全面完成计划规定的生产任务，最终达到提高生产率的目的。DNC 系统的硬件由以下几部分组成：

（1）计算机部分　计算机完成数据管理、数控程序管理、生产计划与调度以及机床控制等任务。

（2）数控机床部分　一般的数控系统如 FANUC、SIEMENS 等均具有 RS-232 串行接口，这些接口设施为计算机直接控制数控机床提供了必要的硬件环境。

（3）通信线路　通常计算机控制数控机床的连接分为两种情况：第一种是不加调制解调器（MODEM）的通信方法，一般传输距离在 50m 以内，不同的数控系统的传输距离不完全一样，要根据实际情况而定，目前采用此种方法的较多；第二种是加 MODEM 的通信方法，这种方法适合于长距离的数据通信。

（二）柔性制造单元（FMC）及柔性制造系统（FMS）

1. 柔性制造单元（FMC）

柔性制造单元（Flexible Manufacturing Cell，FMC）是具有柔性制造系统的部分特点的一种单元。柔性制造单元（FMC）可以作为柔性制造系统（FMS）中的基本单元，若干个 FMC 可以发展组成 FMS，因此 FMC 可以看作企业发展 FMS 历程中的一个阶段。FMC 具有独立自动加工的功能，且投资没有 FMS 大，技术上容易实现，因而受到一些企业的欢迎。

FMC 的构成有两大类：一类是加工中心配上托盘交换系统（Automatic Pallet Changer，APC），另一类是数控机床配工业机器人（Robot）。一般来说，只有具备 5 个以上托盘的加工中心或 1~3 台计算机数控机床，才能称之为 FMC。托盘是实现工件自动上下料的必备部件，在自动化生产线上，待加工的工件首先被安装在托盘上，然后通过运输装置如运输车，将托盘送至托盘架上等待加工，机床加工完毕后，由托盘交换装置从机床的工作台上移出装有工件的托盘，并将装有托盘的待加工工件，送到机床的加工位置。因此托盘系统具有存储、运送工件的功能。较多的托盘系统对于实现连续 24h 自动加工是非常有利的。另外，在柔性自动化制造技术中，工业机器人也是应用广泛的一种设备，目前在很多柔性制造单元和系统中都采用机器人完成物料输送等功能。

采用柔性制造单元 FMC 比采用若干单台的数控机床有更显著的技术经济效益。首先，由于可以将不同的工件都放置在托盘架上，而这些工件的上下料可自动完成，因而增加了系统的柔性，可以实现多品种的加工。系统具有多个托盘，多个工件可放置在这些托盘架上，因而 FMC 可实现 24 小时的连续运转。FMC 由于提高了机床的利用率，因此生产利润远比一般的加工中心高。

2. 柔性制造系统（FMS）

柔性制造系统（Flexible Manufacturing Systems，FMS）是一个由计算机集中管理和控制的制造系统，具有多个独立或半独立工位的一套物料储存运输系统，加工设备主要由数控机床及加工中心等组成，用于高效率地制造中小批量、多品种零部件的自动化生产系统。柔性制造系统是由数控加工设备、物料运储装置的计算机控制系统等组成的自动化制造系统，它能根据制造任务或生产的变化迅速进行调整，适用于多品种中、小批量生产。FMS 与 DNC 系统之间较大的区别在于是否有自动物流系统，可以说缺少物料输送系统的制造自动化系统是 DNC 系统。一般来讲，一个柔性制造系统至少由两台数控机床、一套物料运输系统和一套计算机控制系统所组成，它采用简单地改变软件的方法便能制造出某些部件中的任何零件。柔性制造系统的硬件有三部分：

1）两台以上的数控机床或加工中心以及其他的加工设备，包括测量机以及各种特种加工设备等。

2）一套能自动装卸的运输系统，包括刀具的存储和工件及原材料的运储。具体结构有传送带、有轨小车、无轨小车、搬运机器人、上下料托盘站，等等。

3）一套计算机控制系统及信息通信网络。控制计算机接收来自工厂主计算机的指令并对整个 FMS 实行监控，对每一个标准的数控机床或制造单元的加工实行控制，对夹具及刀具等实行集中管理和控制，协调各控制装置之间的动作。

柔性制造系统的功能主要有：

1）能自动管理零件的生产过程，自动控制制造质量，自动诊断及处理故障，自动收集及传输信息。

2）简单地改变软件或系统参数，便能制造出某一零件族的多种零件。

3）物料的运输和储存必须是自动的（包括刀具等工装和工件的自动传输）。

4）能解决多机床条件下零件的混流加工，且无需额外增加费用。

5）具有优化调度管理功能，能实现无人化或少人化加工。

（三）计算机集成制造系统（CIMS）

从 20 世纪 80 年代至今，制造自动化系统的主要发展是计算机集成制造系统（Computer Integrated Manufacturing System，CIMS），它被认为是 21 世纪制造业的新模式。CIMS 是由美国人约瑟夫·哈林顿于 1974 年提出的概念，其基本思想是借助于计算机技术、现代系统管理技术、现代制造技术、信息技术、自动化技术和系统工程技术，将制造过程中有关的人、技术和经营管理三要素有机集成，通过信息共享以及信息流与物流的有机集成实现系统的优化运行。所以说，CIMS 技术是集管理、技术、质量保证和制造自动化为一体的广义自动化制造系统。从 80 年代初开始，世界各国纷纷投入巨资研究并实施 CIMS。可以说，20 世纪 80 年代是 CIMS 技术发展的黄金时代。早期人们对 CIMS 的认识是全盘自动化的无人化工厂，忽视了人的主导作用，国外也确实有些 CIMS 工程是按照无人化工厂来设计和实施的。但是随着对 CIMS 认识的不断深入，人们意识到这种无人化工厂至少在当时是不实用的，并不能取得预想的经济效益。于是，按全盘自动化模式设计的 CIMS 工程纷纷下马，有人甚至开始否定 CIMS，认为 CIMS 技术在现阶段是不现实的。但更多的人对 CIMS 技术作了重新思考，认为实施 CIMS 必须抛弃全盘自动化的思想，应充分发挥人的主观能动性，将人集成进整个系统，这才是 CIMS 的正确发展道路。于是，从 20 世纪 90 年代以来，CIMS 的概念发生了巨大的变化，开始提出以人为中心的 CIMS 的思想。

CIMS 技术的发展主要是基于两个观点：一是企业的各个生产环节，即从市场调研、产品规划、产品设计、加工制造、经营管理到售后服务的全部生产活动都是一个不可分割的整体，需要统一考虑。二是将整个制造过程看作是一个信息采集、传递及加工处理的过程。CIMS 是以系统工程理论为指导，强调信息集成和适度自动化，以过程重组和机构精简为手段，在计算机网络和工程数据库系统的支持下，将制造企业的全部要素（人、技术、经营管理）和全部经营活动集成为一个有机的整体，实现以人为中心的柔性化生产，使企业在新产品开发、产品质量、产品成本、相关服务、交货期和环境保护等方面均取得整体最佳的效果。

一般情况下，CIMS 由四个应用子系统和两个支撑分系统组成，下面简单介绍一下 CIMS 各子系统的主要功能。

（1）管理信息子系统（MIS）　　MIS 用来收集、整理及分析各种管理数据，向企业和组织的管理人员提供所需要的各种管理及决策信息，必要时还可以提供决策支持。管理信息子系统实现办公自动化、物料管理、经营管理、生产管理、销售管理、人事管理、成本管理和财务管理等功能，它的核心是制造资源计划 MRP Ⅱ 或企业资源计划 ERP（Enterprise Resources Planning）。

（2）技术信息子系统（TIS）　　根据 MIS 子系统下达的产品设计要求进行产品的技术设计和工艺设计，包括必要的工程分析、优化和绘图，通过工程数据库和产品数据管理 PDM 实现内外部的信息集成。TIS 子系统的核心是所谓 CAD/CAPP/CAM 的 3C 一体化。

（3）制造自动化子系统（MAS）　　它是 CIMS 中信息流与物流的结合点，是 CIMS 最终产生经济效益的所在。它接受能源、原材料、配套件和技术信息作为输入，完成加工和装配，最后输出合格的产品。提起 MAS 子系统，人们很自然地会想到柔性制造系统 FMS，但这往往是很不全面的。由于 FMS 系统投资大，系统结构复杂，对用户的要求高、投资见效慢，所以是否选择 FMS 应根据企业的具体情况而定。目前人们更强调投资规模小的 DNC 系统和柔性制造单元 FMC，强调以人为中心的、普通机床和数控机床共存的适度自动化制造系统。

（4）集成质量信息系统（QIS）　　在一个产品的寿命周期中，从市场调研、产品规划、产品设计、工艺准备、材料采购、加工制造、检验、包装、发运到售后服务，都存在很多质量活动，产生大量质量信息，这些质量信息在各阶段内部和各阶段之间都有信息传送和反馈。全面质量管理要求整个企业从最高层决策者，到第一线生产工人，都应参加到质量管理和控制中。因此，企业内部各个部门之间也有大量的质量信息需要交换。上述每个质量活动都会对其他活动产生影响。所以，应从系统工程学的观点去分析所有活动和信息，使全部质量活动构成一个有机的整体，质量系统才能有效地发挥效能。集成质量信息系统的功能包括质量计划、质量检测、质量评价、质量控制和质量信息综合管理。

自动化制造系统中有大量的信息在流动，它与 CIMS 的其他子系统也有大量的信息交换。这些信息包括质量信息、系统运行状态信息、物资需求及供应信息、生产计划信息、作业调度信息、生产统计信息等。这些信息的存储和流动是通过数据库和网络系统实现的。为了有效地存储和管理数据并实现信息共享，两个支撑子系统，即网络子系统和工程数据库子系统是必不可少的。

（1）计算机网络子系统（NES）　　在网络硬、软件的支持下，实现各个工作站之间，各个子系统之间的相互通信，以实现信息的共享和集成。计算机网络子系统应做到所谓的 4R（Right），即在正确的时间，将正确的信息，以正确的方式，传递给正确的对象。

（2）数据库子系统（DBS）　　用来存储和管理企业生产经营活动的各种信息和数据，要保证数据存储的准确一致性、及时性、安全性、完整性，以及使用和维护的方便性。集成的核心是信息共享，对信息共享的最基本要求是数据存储及使用格式的一致性。

三、总结

不同的自动化制造系统有着不同的性能特点和不同的应用范围，因此，应根据需要选择不同的自动化制造系统。以上对各种自动化制造系统及其特点进行了介绍，下面再进行一个概括性的总结。

1）分布式数控系统 DNC 是采用一台计算机控制若干台 CNC 机床的自动化制造系统。因此，这种系统强调的是系统的计划调度和控制功能，对物流和刀具流的自动化并不要求，主要由操作人员完成。DNC 系统的主要优点是系统结构简单，灵活性大、可靠性高、投资小，以软取胜，注重对设备的优化利用，是一种简单的、人机结合的自动化制造系统。

2）柔性制造单元 FMC 是一种小型化的柔性制造系统，FMC 和 FMS 两者之间的概念比较模糊。但通常认为，柔性制造单元是由 1~3 台计算机数控机床成加工中心所组成，单元中配备有某种形式的托盘交换装置或工业机器人，由单元计算机进行程序编制和分配、负荷平衡和作业计划控制。与柔性制造系统相比，柔性制造单元的主要优点是：占地面积较小，系统结构不是很复杂，成本较低，投资较小，可靠性较高，使用及维护均较简单。因此，柔性制造单元是柔性制造系统的主要发展方向之一，深受各类企业的欢迎。就其应用范围而言，柔性制造单元常用于品种变化不是很大、生产批量中等的生产规模。

3）CIMS 是目前最高级别的自动化制造系统，但这并不意味着 CIMS 是完全自动化的制造系统。事实上，目前意义上 CIMS 的自动化程度甚至比柔性制造系统还要低。CIMS 强调的主要是信息集成，而不是制造过程物流的自动化。CIMS 的主要特点是系统十分庞大，包括的内容很多，要在一个企业完全实现难度很大。

制造业是国民经济的重要支柱，制造业的信息化是国民经济信息化的重要组成部分，是提高企业技术创新能力和市场竞争能力，促进高新技术产业化的有效手段。

我国目前已有一大批企业和行业采用了包括计算机辅助设计、计算机集成制造技术在内的信息化技术。计算机辅助设计和计算机集成制造技术的应用，已经使我国制造业初步实现了设计手段的技术跨越，促进了企业管理模式的改善，提高了企业对市场的快速响应能力，为国有企业改革和发展做出了贡献。

制造业信息化的目标是通过示范带动和推广普及等多种方式，在制造业采用信息化技术，加快不同层次、各具特色的信息化建设，使制造业企业的经济效益、技术创新能力、市场竞争能力和抗御风险能力得到显著提高，从而提高我国制造业的整体实力。

附录 B　CAD/CAM 软件在产品开发中的应用

一、概述

目前在我国流行的 CAD/CAM 软件很多，根据产品性能及应用领域的不同大致可分为 CAD、CAM、CAD/CAM 三大类。

CAD 类软件主要用于二维设计。它以工程制图为主，主要提供零件库、符号库，完美的尺寸、公差标注等，如 AutoCAD、国内大部分自主版权的或二次开发的符合国情的 CAD 软件。CAD 类软件流行于各企业的设计部门。

CAM 类软件主要着重于三维建模。它以提供完整的加工功能为主。此类软件典型的有 MAS-TERCAM、SURFCAM 等，大量应用于各企业特别是中小型企业的制造部门。

CAD/CAM 类软件则是大型集成化系统。它不但兼有 CAD、CAM 两类软件之长，还集成有 CAE、CAPP、PDM 等分析、工艺、产品资料管理的功能。由于其对系统资源要求高、价格昂贵、功能完整，大多局限于航空航天、汽车、兵工、船舶等大型企业，是组成 CIMS 的核心。

从 CAD/CAM 技术的发展趋势看，CAD/CAM 软件越来越集成化，功能越来越强，随之也会越来越庞大复杂，往往难以全面透彻掌握。从目前国内机械企业的 CAD 应用状态来看，基本呈现三角形结构。占据三角形宽厚底部的是被最广泛应用的、基于 PC 平台的二维 CAD 系统，AutoCAD 是其主流代表。毫无疑问，二维 CAD 系统对广大企业认识、普及和推广 CAD 技术确实功不可没，同时，它也是企业用来生成数字化二维工程图的主要工具。而高居三角形顶端的是少量的、基于 UNIX 工作站的纯三维 CAD 系统，主要被一些大中型企业所采用。但由于其价格、系统开放性、软件本地化特性和用户素质要求等众所周知的限制，多数企业并未使其发挥应有的作用。目前随着计算机技术的发展，许多公司已经开发出基于 PC 平台的三维 CAD 系统，为广大制造企业提供了从设计到制造全过程的一体化解决方案。

CAD/CAE/CAM 软件经历了从二维绘图到三维数字建模、从零部件设计到产品设计，从物理样机到电子虚拟样机，从工程分析到产品优化的发展过程，技术日臻成熟完善，在工业领域中得到了广泛的应用。在世界范围内比较领先的有 UG、Greo、CADDS5、CATIA 等，它们在汽车与交通、航空航天、日用消费品、通用机械以及电子工业等领域逐步实现了真正意义上的虚拟产品开发（图 B-1），因而彻底改变了传统的机械设计方式。同时，也为数控加工提供了精确的模型。本节以 UG 为例说明机械设计软件在产品开发中的作用。

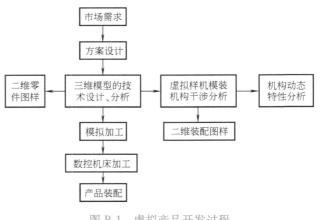

图 B-1　虚拟产品开发过程

二、产品设计过程

1. 方案设计

在进行方案设计时，首先要进行的是满足技术指标要求的功能设计。为了方便方案的交流，可利用 UG 的三维建模功能，进行外观设计，确定总体布局，使之在外观和性能上尽可能具有真实产品的性质。此外利用 UG 还可给产品附加各种属性，设置其材质、颜色、表面性质、光源方向、范围和强弱。最后，用 UG 的着色模块进行渲染，还可以进行部件的运动过程动画制作，以获得逼真的效果。

2. 建模与分析

在 CAD/CAE/CAM 的整个过程中，CAD 是最基本、最主要的部分。只有精确地生成了产品的三维模型，才有可能完成其后的应力分析、机构分析、装配干涉检查、系统仿真、数控加工等工作。在精确地生成三维模型的同时，建模的快捷程度对于设计者也至关重要。用 UG 创建模型，一般可采取以下步骤：

1）分析模型。确定模型由哪些特征组成，并决定特征创建的顺序。特征的创建顺序对于造型有很大影响。对于最基本的特征要放在第一步进行，而对于打孔、导圆、倒角则应放在最后进行。从这一点讲，和零件的机加工顺序是相似的。

2）创建基本特征。通过建立二维和三维线框模型，并进行扫描、旋转以及布尔运算等，一般类型的机械零件均可以进行构件。由于目前的软件均采用了参数化编辑，对于相似零件，只要尺寸进行更改，则相应的模型也会变动。对于要求复杂曲面设计的模型，如航天工业的机翼、进气道、汽车工业的车身、注塑件等零件，可以采用自由曲面建模，即沿曲线的通用扫描法，使用一条、二条、三条轨道方法按比例地建立外形。用标准二次曲线的方法建立二次曲面体、圆形或圆锥截面的导圆面等。也可以通过曲线/点网格来定义曲面的形状或通过点云来拟和曲面，还可以通过修改所定义的曲线，改变参数值或使用图形和数学规则来控制修改编辑所形成的曲线或曲面。

对于可用函数表达的模型，如渐开线齿轮、导弹的头部整流锥，则可以利用 UG 的二次开发工具 GRIP 语言编制程序自动绘制。

3）附加特征。机械设计的发展趋势是标准化和通用化。对于孔、槽、型腔、凸台、垫、柱体、块体、锥体、球体、管状体、杆、倒角、导圆等常用特征，特别是注塑件的薄壁实体、钣金件的百叶窗、航天产品中的加强翻边等机械设计中常见的结构特征，在 UG 中均作为工程特征来直接操作。设计者也可以自定义工程特征，如定义了某标准接插件的安装孔后，在零件上开这类安装孔就和一般的打孔操作一样方便。在完成模型的创建后，可以在零件的特征表中添加材质。如果材质库中没有，则可以直接添加密度、硬度等特征。此时，即可以直接得到模型的重心、质心、转动惯量、质量等特征。对于需要模型静平衡的零件来说，就可以在零件建模过程中完成零件的平衡。

4）UG 提供了一个三维实体格式的标准件库，并且能够很容易通过直观的图形界面来获取这些标准件。这些标准件不仅仅是轴承、紧固件等国家、国际标准件，设计者还可以自己定义标准件库中的零件。对于本企业常用的零件族，在下次建模时直接调用就可以了。

当模型建立完成后，就可以将其自动转化为分析所需的有限元模型，并保持几何模型与有限元模型的相关性。在这个过程中，材料、载荷、边界条件定义都是很方便的，尤其可以设置轴承类的变载荷。设置好属性编辑器的参数后，通过网格生成器，可以自动生成理想的网格。板壳单元生成器可直接读取实体单元，在实体单元上生成节点，以保证在实体与板的共同边界上不同类型单元的匹配。而接触单元则可以分析接触问题，再通过后处理模块对结果进行图形化评估。

如果对于第一种方案（几何模型）不满意时，可以直接在分析环境中进行修改，而不用退回到造型环境。然后系统会依据设计人员定义下的网格划分、边界条件的准则，自动进行前处理。在进行了几个方案的分析之后，系统将这几种方案的分析结果全部列出，供设计人员依据一定的判别原则进行评估择优。

3. 模装与动态分析

在装配环境下，通过匹配、对齐、角度、基准和连接约束等操作，就可以对产品进行模装，并对其进行装配间隙检测。有些行业，如注塑模具设计，上下模合模时的腔体间隙实际上也就是塑料件的壁厚。而当间隙检测值设置为 0 时，则是对产品的干涉进行检查。间隙检查的结果可以被保存以备将来使用，也可以将所干涉的体积以几何体的形式客观地表示出来。模装时也能够对有阴影和隐藏线的视图进行着色。

但是，如果产品的零部件数目太多（包括螺钉、螺母等标准紧固件），那么装配文件所占的空间就会很大，显示速度和运行速度都会降低。尽管是配置很好的工作站有时也会慢得令人无法接受，尤其是在改变三维实体的视图角度时更是如此。所以进行大规模的设计时，一定要选择尽可能大的硬件配置。

其实，也可以在装配环境中设计零部件，有时通过基准件和衔接面来设计相配合的零件往往快捷得多。

模装完成后，可以对样机进行复杂的运动学分析和设计仿真，并且可以完成大量的装配分析工作，如最小距离、干涉检查、包络轨迹等。设计者可以分析反作用力并合成位移、速度、加速度，其中反作用力可以传递到零件的有限元分析模块。UG 包括一个丰富的机构运动副单元库，几何模型可以用来定义运动副、力及定义 CAM 轮廓。

4. 二维出图

三维模型经过检验后，就可以方便地绘成二维零件图以及装配图。首先指定所绘模型的主视图以及需要的其他视图，软件将自动生成与模型完全相关的工程图（包括相应的尺寸标注、消隐线和横截面）。用鼠标可拖动视图至所需的位置，然后拖动并调整好尺寸的位置就可以了。由于尺寸与模型相关，从而保证随着实体模型的改变而同步更新工程图的尺寸。用户可选择各种图样表达的形式，包括正交视图、轴测图、剖视图、辅助视图和局部放大图等。对于装配图来说，零件明细表、零件序号标注均可自动生成，如果需要还可以产生爆炸视图。技术说明等文字信息可以直接输入，也可以将 WORD 文件拖到相应的位置调用。当然，自动生成的视图不一定完全满足设计者的要求，比如螺纹投影与国标的螺纹表达方式并不一致。此时可利用 UG 在绘图模块中提供的绘图工具手工绘制一部分线条。

由于建模过程是以名义尺寸为基础的，而机械产品均带有几何公差信息。除了在二维出图时标注公差配合信息外，UG 可以给模型附加基于特征的带有几何公差、尺寸公差的产品数字模型，以保证模型在零部件设计、装配分析、工艺计划、刀夹具选用、制造、检测等模块中的使用。由于公差信息也是和模型相关的，当模型改变时，软件可以自动地更新公差。因此，对于整个软件系统来说，可以只进行数字模型的传递，从而消除多余的数字输入，减少对图样的依赖性。

三、辅助加工

UG 系统具有制造业所需要的各方面功能设计，包括全过程制造数据管理、数控（NC）分析与编程、制造计划（生产计划，工艺工序计划）、加工仿真、质量检验、CAM 后处理、NC 文档及所需资源（刀具、夹具、工具、机床材料等）。

在加工编程方面，UG 能够对很复杂的轮廓计算刀具轨迹，灵活、方便地安排切入点、切入方式和切入方向。一般的刀具轨迹生成都不需要太多的用户交互，而且刀具轨迹具有良好的可制造性规则，例如：高速铣削中的圆形和螺旋形进刀，螺线状的切削模式、拐角处的慢速进刀等。也可以把复杂的曲面问题转化为平面问题，快速生成刀具轨迹。CAM 模块可以直接调用其产生的数学模型，也可以接受其他 CAD 系统转换而来的模型数据。由于目前不同的 CAD 系统之间往往无法真正地做到"无缝"转换，在接受的模型有损失时，如曲面不连续，就需要设置曲面的自动光顺程度，以利于后续工作的进行。对应于不同加工状态的进刀过程，可以选用螺旋进刀、折返式进刀和可定义方向的直线进刀。只要定义出一个大于加工件的毛坯体，确定好铣削参数，如主轴转速、进给率，选择出铣削刀具以及前面所述的加工方式，就可以生成、模拟和显示 NC 刀具的路径，而且显示加工以动画的方式进行（包括机床的 2~5 轴联动）。同时，还能计算出完工零件的体积和毛坯的切除量，因此很容易确定原材料的损失。较强的后处理程序使 UG 的计算结果可以应用于大多数 NC 机床。

对于车削、型腔铣削和线切割，UG 也有专门的模块来进行处理。

四、结束语

UG 是一个模块化的软件包，不同的模块针对不同的问题。上述的软件功能其实是由很多模块共同完成的。此外，UG 还有一些专业级的模块，如用于汽车工业的车身工程模块（Body Engineering），用于钣金冲模设计的模块（Sheet Metal Die Engineering），用于机电产品的电气配线模块（Harness）等。此外，还有用于产品数据管理（PDM），用于质量工程应用，用于 Web 的各种模块。用户可根据不同的需求进行模块的组合。

附录 C　部分 CAD/CAM 软件一览表

产　品	公　司	网　址	介　绍
Siemens NX	Siemens PLM Software（德国）	https：//www. plm. automation. siemens. com	NX 是一套集 CAD/CAE/CAM 于一体的产品工程解决方案，为用户的产品设计及加工过程提供数字化造型和验证手段，满足用户在虚拟产品设计和工艺设计上的需求
Solid Edge	Siemens PLM Software（德国）	https：//www. plm. automation. siemens. com	Solid Edge ST 可以更快、更轻松地创建和编辑 3D CAD（计算机辅助设计）模型，它兼具直接建模的速度和简便性以及参数化设计的灵活性和控制功能
Creo Parametric	PTC（美国）	https：//www. ptc. com	Creo Parametric 是 PTC Creo 产品的参数化建模软件。Creo Parametric 利用具有关联性的 CAD、CAM 和 CAE 应用程序，支持产品从概念设计到 NC 刀具路径生成
SolidWorks	DASSAULT SYSTEMES（法国）	https：//www. 3ds. com	该软件具有易于使用、功能强大的 3D CAD 设计功能，可以快速创建、验证、沟通和管理产品开发流程
CATIA	DASSAULT SYSTEMES（法国）	https：//www. 3ds. com	围绕数字化产品和电子商务集成概念进行系统结构设计，可为数字化企业建立一个针对产品整个开发过程的工作环境。在这个环境中，可以对产品开发过程的各个方面进行仿真
Inventor	AUTODESK（美国）	https：//www. autodesk. com. cn	Inventor 是美国 Autodesk 公司推出的 3D 建模软件，用于对产品数字样机的设计、验证和分析
AutoCAD	AUTODESK（美国）	https：//www. autodesk. com. cn	AutoCAD（Autodesk Computer Aided Design）是一款应用广泛的二维绘图、详细绘制、设计文档和基本三维设计软件
Cimatron	3D Systems，Inc.（以色列）	https：//www. 3dsystems. com	Cimatron 主要用于型腔模具、冲压模具和零部件制造的 3D 软件工具
中望 CAD	广州中望龙腾软件股份有限公司	https：//www. zwcad. com	中望 CAD 是一款全新、高性价比的自主研发的 CAD 平台软件。它支持三维绘图，包括三维网格、三维曲面和三维实体，可对三维模型进行剖切、抽壳、干涉等多种编辑
CAXA 3D 实体设计	北京数码大方科技股份有限公司	http：//www. caxa. com	集概念设计、工程设计、协同设计于一体的 3D CAD 软件。它包含三维建模、协同工作和分析仿真等功能，并支持参数化设计和直接建模
Mastercam	CNC Software，Inc.（美国）	https：//www. mastercam. com/	Mastercam 软件是美国 CNC Software，INC. 所研制开发的 CAD/CAM 系统

（续）

产　品	公　司	网　址	介　绍
PowerMILL	AUTODESK（美国）	https：//www. autodesk. com. cn	Delcam PowerMILL 是一独立运行的 CAM 系统。Delcam PowerMILL 可通过 IGES、STEP、VDA、STL 和多种不同的专用数据接口直接读取来自任何 CAD 系统的数据。可快速和准确地产生能最大限度地发挥 CNC 机床生产效率的、无过切的粗加工和精加工刀具路径，确保生产出高质量的零件
Edgecam	Hexagon Manufacturing Intelligence（瑞典）	https：//www. edgecam. com/	Edgecam 是专业智能化独立数控编程软件，适用于车、铣、车铣复合、线切割等数控机床的编程。针对铣切、车削、车铣复合等加工方式提供了完整的解决方案
FeatureCAM	AUTODESK（美国）	https：//www. autodesk. com. cn	独特的基于特征、基于知识的加工功能组合使得用户可以自由创建稳定、可靠的刀具路径。强大的自动特征识别功能，加速了从设计到加工的全过程
WorkNC	Hexagon Manufacturing Intelligence（瑞典）	https：//www. worknc. com/	WorkNC CAM 软件是用于模具，模具和模具业务的 2 至 5 轴 CNC 编程的表面或实体模型的自动 CNC 软件
hyperMILL	OPENMIND（德国）	https：//www. openmind-tech. com	提供了从 2.5 到 5 轴的全系列模块，这些 CAM 模块是标准概念的五轴可选模块。它包含自动干涉检查、独立五轴联动、动态变化刀轴倾角等功能
CAMWorks	DASSAULT SYSTEMES（法国）	https：//camworks. com/	CAMWorks 是一款基于直观实体模型的 CAM 软件，为 SolidWorks 设计软件提供了先进的加工功能

参 考 文 献

［1］ 西门子（中国）有限公司 . SINUMERIK Operate 加工循环简明编程手册 ［Z］. 2015.

［2］ 吕斌杰，高长银，赵汶 . SIEMENS 系统数控车床培训教程 ［M］. 北京：化学工业出版社，2012.

［3］ 西门子（中国）有限公司 . SINUMERIK 808D 铣削编程和操作手册　第三部分：编程（ISO 语言）［Z］. 2012.

［4］ 西门子（中国）有限公司 . SINUMERIK 840D sl/828D ISO 车削编程手册 ［Z］. 2012.

［5］ 西门子（中国）有限公司 . SINUMERIK 840D sl/ 828D 基础部分编程手册 ［Z］. 2015.

［6］ 施玉飞 . SIEMENS 数控系统编程指令详解及综合实例 ［M］. 北京：化学工业出版社，2008.

［7］ 吕斌杰，高长银，赵汶 . 数控车床（FANUC、SIEMENS 系统）编程实例精粹 ［M］. 北京：化学工业出版社，2011.

［8］ 李体仁 . 数控手工编程技术及实例详解：西门子系统 ［M］. 北京：化学工业出版社，2012.